工业和信息化普通高等教育"十三五"规划教材立项项目

21世纪高等教育计算机规划教材

图像处理基础教程

(Photoshop CS5)（第2版）

◎ 庄志蕾 李蓉 主编

◎ 叶嫣 郑婵娟 廖俐鹃 翁权杰 副主编

◎ 周维柏 主审

U0319328

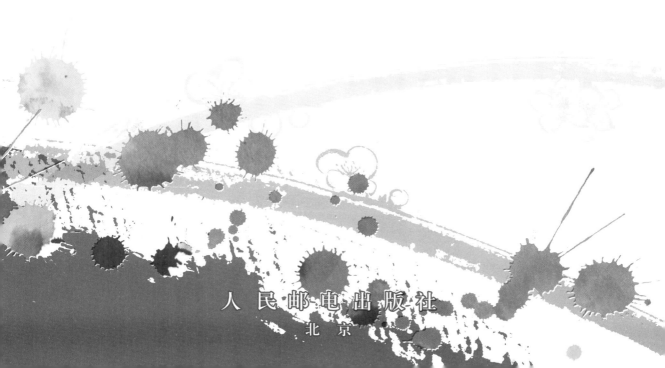

人民邮电出版社

北京

图书在版编目（CIP）数据

图像处理基础教程：Photoshop CS5 / 庄志蕾，李
蓉主编. -- 2版. -- 北京：人民邮电出版社，2016.8（2019.1重印）
　21世纪高等教育计算机规划教材
　ISBN 978-7-115-42780-9

　Ⅰ．①图… Ⅱ．①庄… ②李… Ⅲ．①图象处理软件
－高等学校－教材 Ⅳ．①TP391.41

中国版本图书馆CIP数据核字(2016)第146431号

内 容 提 要

本书详细介绍了图像处理软件 Photoshop CS5 的使用方法与技巧，采用理论知识与实例操作相结合、教师讲解与学生自学相结合的形式，同时配套自主学习平台。本书主要内容包括：Photoshop CS5 基础知识、创建和编辑选区、图像的编辑和修饰、图层的操作、通道与蒙版的应用、路径的应用、文本的输入与编辑、滤镜的使用和商业设计典型案例。

本书可作为普通高等院校非艺术类专业相关课程的教材使用，也可供图像处理的初中级计算机用户、平面设计人员和各行各业需要处理图像的人员作为参考书使用。

◆ 主　　编　庄志蕾　李　蓉
　　副主编　叶　嫣　郑婵娟　廖俐鹏　翁权杰
　　主　　审　周维柏
　　责任编辑　许金霞
　　责任印制　杨林杰
◆ 人民邮电出版社出版发行　　北京市丰台区成寿寺路 11 号
　邮编　100164　电子邮件　315@ptpress.com.cn
　网址　http://www.ptpress.com.cn
　北京缤索印刷有限公司印刷
◆ 开本：787×1092　1/16
　印张：12.25　　　　　　　　2016 年 8 月第 2 版
　字数：381 千字　　　　　　 2019 年 1 月北京第 6 次印刷

定价：56.00 元

读者服务热线：(010)81055256　印装质量热线：(010)81055316
反盗版热线：(010)81055315

第 2 版 前 言

2014 年我们编写了《图像处理基础教程 Photoshop CS5》一书，得到部分高校的青睐，也得到了不少专家、教师和学生的好评，并且获得了许多宝贵意见。

我们参考反馈意见与建议，结合本校教师在教学过程中发现的问题以及学生操作时出现的情况，进行了反复讨论、修订形成第二版修改方案。

本书定位于 Photoshop 的初学者，每一个 Photoshop 初学者都想通过最行之有效的学习方法、最简洁易懂的讲解方式，尽可能快地掌握 Photoshop 的操作知识和技巧。从这一角度出发，本书合理安排知识点，并结合大量实例进行讲解，同时配备网络在线自主学习平台，让读者在最短的时间内掌握最有用的知识，迅速成为图像处理高手。

本书主要内容包括：Photoshop CS5 基础知识、创建和编辑选区、图像的编辑和修饰、图层的操作、通道与蒙版的应用、路径的应用、文本的输入与编辑、滤镜的使用和商业设计典型案例。

本书是广东省高校计算机公共课程教学改革项目——广东省自主学习平台 Photoshop CS5 部分建设配套教材，同时也作为广东省精品资源共享课——计算机图像处理技术基础（Photoshop）配套资源。为方便教师教学和学生自主学习，本书提供书中所有实例的源文件和素材文件。本书最大的优势是，与广东省考试中心导学平台中的 200 多道试题案例相配套，每一个知识点至少有一道试题供读者理解和巩固，而且每一道试题都有微视频的讲解。

本书由广州商学院信息技术与工程学院公共教研室组织编写，由庄志蕾、李蓉担任主编，叶嫣、郑婵娟、廖俐鹃、翁权杰担任副主编，李文崇、贺琳、陈颂丽、马汝贞、陈其龙、周维柏、宁晓虹、林树青参与编写，其中第 4 章、第 6 章、第 9 章系重新编写，其他章节是在第 1 版的基础上进行修改的，全书由周维柏统稿和审定。

本书在编写过程中获得"广州商学院教材建设资金"资助，在此表示衷心感谢。

由于编写时间仓促，编者水平有限，书中错漏和不妥之处在所难免，敬请各位读者朋友们指正。编者的电子邮箱（E-mail）：lullyhbpanda @ 163.com。

编者
2016 年 8 月

目录

第 3 章

图像的编辑和修饰

第 4 章

图层的创建和编辑

第 5 章

蒙版和通道

Photoshop CS5

第 9 章

经典案例实战

第 1 章
Adobe Photoshop CS5 基础知识

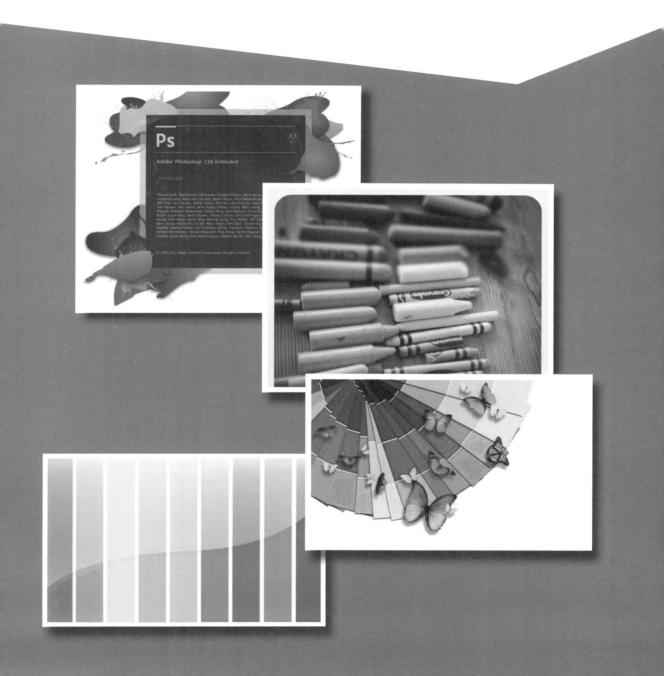

Photoshop CS5 是功能强大的平面图形处理软件，要熟练掌握 Photoshop CS5，就必须首先了解它的发展过程、系统配置，熟悉 Photoshop CS5 的工作界面，熟练掌握它的基本操作，还要了解有关图形处理的基本知识。

1.1 认识 Adobe Photoshop CS5

Adobe 公司成立于 1982 年，是美国最大的个人计算机软件公司之一，为包括网络、印刷、视频、无线和宽带应用在内的泛网络传播（Network Publishing）提供了一系列优秀的解决方案。该公司所推出的图形和动态媒体创作工具能让使用者创作、管理并传播具有丰富视觉效果的作品。

1985 年，美国苹果 Apple 计算机公司率先推出图形界面的 Macintosh 麦金塔系列计算机，广泛应用于排版印刷行业。至 1990 年，美国计算机行业著名的 3A（Apple，Adobe，Aldus）公司共同建立了一个全新的概念 DTP（Desk Top Publishing 桌面印刷）它把电脑融入传统的植字和编排，向传统的排版方式提出了挑战。在 DTP 系统中，先进的电脑作为其硬件基础，排版软件和字库则是它的灵魂。在印刷中除了文字外，图形图像也是非常重要的部分，当然也需要专门的设计软件。为此，科学家们根据艺术家及平面设计师的工作特点开发了相应的软件，其中 Adobe 公司开发的 Photoshop 是最著名的软件之一。DTP 和图像软件的结合，使设计师可以在计算机上直接完成文字的录入、排版、图像处理、形象创造和分色制板的全过程，开创了"计算机平面设计"的时代。

1.1.1 Adobe Photoshop 版本功能简介

20 世纪 80 年代中期，美国密歇根州州立大学（Michigan）的一位研究生 Thomas Knoll 编制了一个在 Macintosh Plus 机上模拟铅笔绘图的程序。该程序 1990 年被 Adobe 公司收购，经过不断地开发，Photoshop 系列如今风靡世界，在平面图像处理领域成为行业权威和标准。Photoshop 的版本也不断推陈出新，从最初的 Photoshop1.0 到 Photoshop8.0，后改为 CS 作为版本编号，2013 年 7 月，Adobe 公司推出了新版本的 Photoshop CC，自此，Photoshop CS6 作为 Adobe CS 系列的最后一个版本被新的 CC 系列取代。截止 2016 年 1 月，Adobe Photoshop CC 2015 为市场最新版本，本书选择使用更广泛的 CS5 版本作为讲解范例。

Photoshop 的专长在于图像处理，而不是图形创作，有必要区分一下这两个概念。图像处理是对已有的位图图像进行编辑加工处理以及运用一些特殊效果，其重点在于对图像的处理加工；图形创作软件是按照自己的构思创意，使用矢量图形来设计图形，这类软件主要有 Adobe 公司的另一个著名软件 Illustrator 和 Macromedia 公司的 Freehand。不过 Adobe 公司也发现目前在进行图像处理的过程中，图形创作也是非常重要的一个环节，虽然在两个软件中切换很方便，但如果只绘制一些常用图形的话，用户通常不喜欢这样麻烦的方式或是没有能力同时购买 2 个大型软件。因此 Adobe 公司在对软件进行版本更新的时候特别注意了这一点，从 Photoshop 6.0 开始加入了一组新的矢量图形工具（形状工具），这组工具并不是专门提供矢量绘图的，但是使用它们可以绘制出一些常用图形（如椭圆形、长方形、星形或自定义图形），任意放大缩小并不失真，使 Photoshop 的功能更为多样化。

1.1.2 Photoshop CS5 工作环境

1. Photoshop CS5 启动与退出

在使用 Photoshop CS5 之前，要先启动该程序，而在工作结束后，又需要退出程序，以释放系统资源。

安装了 Photoshop CS5 程序之后，在系统的"开始"菜单中，可以找到它，方法是选择"开始"→"程序"→"Adobe Photoshop CS5"命令即可启动它。启动 Photoshop CS5 时，可以看到程序初始化的过程，同时还可以看到版权声明等消息。启动方法不止一种，若在桌面上创建了 Photoshop CS5 的快捷方式，双击该快捷方式的图标可以快捷启动该程序。

启动过程完成后，可以看到 Photoshop CS5 程序的主界面，要退出 Photoshop CS5，可以使用不同的方法，下面列出其中最常用的方法：

（1）单击 Photoshop CS5 窗口的标题栏最右侧的关闭按钮 ✖ 。

（2）按键盘上的【Alt】+【F4】（或【Ctrl】+【Q】）组合键。

（3）选择"文件"→"退出"命令。

2. Photoshop CS5 的工作界面

启动过程完成后，可以看到 Photoshop CS5 程序的工作界面，如图 1-1 所示。

图 1-1　Photoshop CS5 的工作界面

（1）主菜单：包括执行任务的菜单，这些菜单是按相应功能进行组织的，Photoshop 大量功能都可以在菜单找到对应的命令项。例如，"图层"菜单中包含的是用于处理图层的命令，如图 1-2 所示。

图 1-2　主菜单

（2）工具箱：工具箱是整个软件的最基础部分，存放着用于创建和编辑图像的工具。将鼠标移至任何一个工具图标上，稍等片刻图标右下角就会弹出名称提示框，显示当前工具的名称和切换它的快捷键。

在工具箱中，如果工具图标的右下角带有一个小黑三角，则用鼠标按住该图标不放可看到隐藏的工具，如按钮 🖌 为快速选择工具，当鼠标持续停留时，可以看到下级工具菜单，可以选择魔棒工具 🪄，如图 1-3 所示。

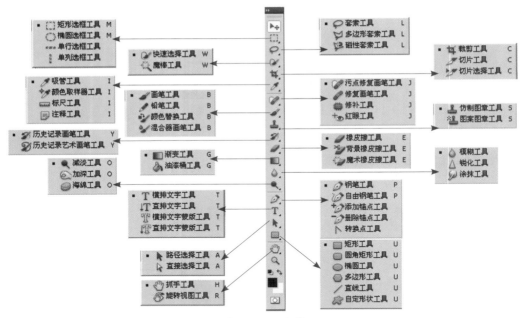

图 1-3　工具箱

（3）工具选项：提供所选择工具的相应选项。在工具箱中选择一种工具，则工具选项栏中会显示该工具的相关属性。移动工具的属性如图 1-4 所示。

图 1-4　工具选项

（4）浮动调板：浮动调板是指打开 Photoshop 软件后在桌面上可以移动、可以随时关闭并且具有不同功能的各种控制调板。浮动调板在 Photoshop 的图形图像处理中起决定性的作用，尤其是其中的图层、通道和路径调板。在默认状态下，每组的调板都是组合在一个调板组中出现的，如"导航器""信息"及"直方图"的组合调板等。通过"窗口"菜单可以控制组合版的开启和关闭，在名称前有"✔"表示调板当前已经显示，如图 1-5 所示，"图层""颜色"窗口已经被打开。

如单击"信息"标签就可使"信息"成为当前面板。调板一般按组排放，打开其中一个面板会在界面载入同组的其他面板，每组的面板都可以独立移动，例如，用鼠标按住"信息"调板的标签部分向外拖曳，就可使其成为一个独立的面板；也可将面板上下链接起来，用鼠标拖动面板的标签，将其拖曳到另一个面板下方，见到面板下方出现一条黑色的粗线，此时再放开鼠标就可以将两个面板链接在一起（可将多个面板链接在一起）。当不小心关掉了某个面板组时，只需打开菜单栏上的"窗口"菜单，然后从中选择相关的菜单命令，就可以隐藏或打开某个调板组。

（5）状态栏：在状态栏里可以显示当前打开图像的文件信息、当前操作工具的信息、各种操作提示信息等。状态栏分为三部分：左侧部分表示当前图像

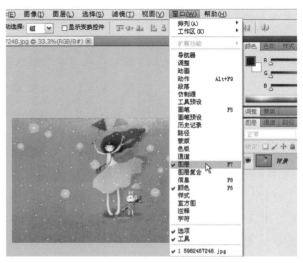

图 1-5　打开各种调板窗口

的显示大小的比例；中间部分为图像或工具信息，单击该部分右侧的三角形按钮，可以选择不同的菜单项，如图 1-6 所示；右边是图片滚动条。

图 1-6　状态栏

1.2　图像处理基础

1.2.1　基本概念

1．像素

在 Photoshop 中，像素是组成图像的最基本单元，它是一个小的方形的颜色块，一个图像通常由许多排列整齐的像素组成，这些像素被排成横行或纵列。当用缩放工具将图像放到足够大时，就可以看到类似马赛克的效果，每个小方块就是一个像素，也可称为栅格。每个像素都有不同的颜色值，单位长度内的像素越多，该图像的分辨率越高，图像的效果就越好。

2．矢量图与位图

矢量图是由诸如 Adobe Illustrator、Macromedia Freehand 等一系列图形软件产生的，它由一些用数学方式描述的曲线组成，其基本组成单元是锚点和路径，不论放大缩小多少，它的边缘都是平滑的；适用于制作企业标志，这些标志无论用于商业信纸，还是招贴广告，只用一个电子文件就能满足要求，可随时缩放，而效果同样清晰。

位图则不同，它是由 Adobe Photoshop、Painter 等软件产生的，如果将此类图放大到一定程度，就会发现它是由一个个小方格组成的，这些小方格被称为像素（单位是 px），故此类图有像素图之称。像素图的质量是由分辨率决定的，单位长度内的像素越多，分辨率越高，图像的效果就越好。

3．图像分辨率

图像分辨率的单位是 ppi（pixels per inch），即每英寸所包含的像素数量。如果图像分辨率是 72ppi，就是在每英寸长度内包含 72 个像素。图像分辨率越高，意味着每英寸所包含的像素越多，图像就有越多的细节，颜色过渡就越平滑。用于制作多媒体光盘的图像通常达到 72ppi，而用于彩色印刷品的图像则需 300ppi 左右，印出的图像才不会缺少平滑的颜色过渡。

图像分辨率和图像大小之间有着密切的关系。图像分辨率越高，所包含的像素越多，也就是图像的信息量越大，因而文件也就越大。通常文件的大小是以"兆字节"（MB）为单位的。通过扫描仪获取大图像时，将扫描分辨率设定为 300ppi 就可以满足高分辨率输出的需要。若扫描时分辨率设得比较低，通过 Photoshop 来提高图像分辨率的话，则由 Photoshop 利用差值运算来产生新的像素，这样会造成图像模糊、层次差，不能忠实于原稿。如果扫描时分辨率设得比较高，图像已经获得足够的信息，通过 Photoshop 减少图像分辨率则不会影响图像的质量。另外，常提到的输出分辨率是以 dpi（dots per inch，每英寸所含的点）为单位，它是针对输出设备而言的。通常激光打印机的输出分辨率为 300dpi ~ 600dpi，照排机要达到 1200dpi ~ 2400dpi 或更高。

4．颜色深度

颜色深度用来度量图像中有多少颜色信息可用于显示或打印像素，其单位是"位（Bit）"，所以颜色深度有时也称为位深度。常用的颜色深度是 1 位、8 位、24 位和 32 位。1 位有两个可能的数值：0 或 1。较大的颜色深度（每像素信息的位数更多）意味着数字图像具有较多的可用颜色和较精确的颜色表示。

因为一个 1 位的图像包含 2^1 种颜色，所以 1 位的图像最多可由两种颜色组成，每像素的颜色只能是黑或白；一个 8 位的图像包含 2^8 种颜色，或 256 级灰阶，每个像素可能是 256 种颜色中的任意一种；一个 24 位的图像包含 2^{24} 种颜色；一个 32 位的图像包含 2^{32} 种颜色，但很少这样讲，这是因为 32 位的图像可能是一个具有 Alpha 通道的 24 位图像，也可能是 CMYK 色彩模式的图像，这两种情况下的图像都包含有 4 个 8 位的通道。图像色彩模式和色彩深度是相关联的（一个 RGB 图像和一个 CMYK 图像都可以是 32 位的，但不总是这种情况）。Photoshop 也支持 16 位通道，可产生 16 位的灰度模式的图像、48 位的 RGB 模式的图像、64 位的 CMYK 模式的图像。

1.2.2 颜色模型和模式

颜色模式决定用于显示和打印图像的颜色模型（颜色模型是用于表现颜色的一种数学算法）。Photoshop 的颜色模式以用于描述和重现色彩的颜色模型为基础。

常见的颜色模型包括 HSB（H：色相，S：饱和度，B：亮度），RGB（R：红色，G：绿色，B：蓝色），CMYK（C：青色，M：洋红色，Y：黄色，K：黑色）和 CIE L*a*b*。

常见的颜色模式包括位图模式、灰度模式、双色调模式、RGB 模式、CMYK 模式、Lab 模式、索引颜色模式、多通道模式。

1．HSB 模型

HSB 模型是基于人眼对色彩的观察来定义的，在此模型中，所有的颜色都用色相或色调、饱和度和亮度 3 个特性来描述。

（1）色相是与颜色主波长有关的颜色物理和心理特性。从实验可知，不同波长的可见光具有不同的颜色，众多波长的光以不同比例混合可以形成各种各样的颜色，但只要波长组成情况一定，那么颜色就确定了。非彩色（黑、白、灰色）不存在色相属性。所有色彩（红、橙、黄、绿、青、蓝、紫等）都是表示颜色外貌的属性，它们就是色相，有时也将色相称为色调。简单来讲，色相或色调是物体反射或透射的光的波长，一般用"°"来表示，范围是 0°～360°。

（2）饱和度是颜色的强度或纯度，表示色相中灰色成分所占的比例。通常以"%"来表示，范围是 0%～100%。

（3）亮度是颜色的相对明暗程度，通常也是以 0%（黑色）～100%（白色）来度量。

2．RGB 模型和模式

绝大多数可视光谱可用红色、绿色和蓝色（R/G/B）三色光的不同比例和强度的混合来表示，在这 3 种颜色的重叠处产生青色、洋红、黄色和白色。由于 RGB 颜色合成可以产生白色，因此也称它们为加色，将所有颜色加在一起可产生白色，即所有不同波长的可见光都传播到人眼。加色用于光照、视频和显示器，例如，显示器通过红色、绿色和蓝色荧光粉发射光线产生颜色。

Photoshop 的 RGB 模式使用 RGB 模型，将红（R）、绿（G）、蓝（B）3 种基色按照从 0 到 255 的亮度值在每个色阶中分配，从而指定其色彩。当不同亮度的基色混合后，便会产生出 256×256×256 种颜色，约为 1670 万种。例如，当 R、G、B 值都为 255 时，产生纯白色；当 3 种值都为 0 时，产生纯黑色。3 种色光混合生成的颜色一般比原来的颜色亮度值高，所以 RGB 模型又被称为"色光加色法"。

3. CMYK 模型和模式

CMYK 模型以打印在纸上的油墨的光线吸收特性为基础。当白光照射到半透明油墨上时，某些可见光波长被吸收，而其他波长的光线则被反射回眼睛。减色（CMYK）和加色（RGB）是互补色，每对减色产生一种加色，反之亦然。

CMYK 模型和 RGB 模型使用不同的色彩原理进行定义。在 RGB 模型中由光源发出的色光混合生成颜色，而在 CMYK 模型中由光线照到不同比例青、洋红、黄和黑油墨的纸上，部分光谱被吸收后，反射到人眼中的光产生的颜色。由于青、洋红、黄、黑在混合成色时，随着 4 种成分的增多，反射到人眼中的光会越来越少，光线的亮度会越来越低，所以 CMYK 模型产生颜色的方法又称为"色光减色法"。在 Photoshop 的 CMYK 模式中，为每个像素的每种印刷油墨指定一个百分比值：为最亮（高光）颜色指定的印刷油墨颜色百分比较低，而为较暗（暗调）颜色指定的百分比较高。如果图像用于印刷，应使用 CMYK 模式。

4. CIE L*a*b* 模型和 Lab 模式

CIE L*a*b* 颜色与设备无关，无论使用何种设备创建或输出图像，这种模型都能生成一致的颜色。CIE L*a*b* 颜色由亮度或亮度分量（L）和两个色度分量 a 分量（从绿色到红色）、b 分量（从蓝色到黄色）组成。

在 Photoshop 的 Lab 模式中，亮度分量（L）范围为 0 ～ 100。在拾色器中，a 分量（绿色到红色轴）和 b 分量（蓝色到黄色轴）的范围为 +128 ～ –128。在"颜色"调板中，a 分量和 b 分量的范围为 +128 ～ –128。

在 Photoshop 使用的各种颜色模型中，CIE L*a*b* 模型具有最宽的色域（色域是颜色系统可以显示或打印的颜色范围），包括 RGB 和 CMYK 色域中的所有颜色。CMYK 色域较窄，仅包含使用印刷色油墨能够打印的颜色，当不能打印的颜色显示在屏幕上时，称其为溢色（超出 CMYK 色域范围）。Lab 模式是 Photoshop 在不同颜色模式之间转换时使用的中间颜色模式。

5. 位图模式

位图模式用两种颜色（黑和白）来表示图像中的像素，位图模式的图像也叫作黑白图像。因为其颜色深度为 1，故位图模式的图像，也称为 1 位图像。由于位图模式只用黑白色来表示图像的像素，在将图像转换为位图模式时会丢失大量细节，因此 Photoshop 提供了一些算法来模拟图像中丢失的细节。

6. 灰度模式

灰度模式可以使用多达 256 级灰度来表现图像，使图像的过渡更平滑细腻。灰度图像的每个像素有一个 0（黑色）到 255（白色）之间的亮度值。灰度值也可以用黑色油墨覆盖的百分比来表示（0% 等于白色，100% 等于黑色）。

7. 双色调模式

双色调模式采用 2 ～ 4 种彩色油墨混合其色阶来创建双色调（2 种颜色）、三色调（3 种颜色）和四色调（4 种颜色）的图像。在将灰度图像转换为双色调模式的图像过程中，可以对色调进行编辑，产生特殊的效果。使用双色调模式的重要用途之一是使用尽量少的颜色表现尽量多的颜色层次，这对于减少印刷成本是很重要的，因为在印刷时，每增加一种色调都需要更大的成本。

8. 索引颜色模式

索引颜色模式是网上和动画中常用的图像模式，当彩色图像转换为索引颜色模式的图像后变成近 256 种颜色。索引颜色图像包含一个颜色表，如果原图像中的颜色不能用 256 色表现，则 Photoshop 会从可使用的颜色中选出最相近的颜色来模拟这些颜色，这样可以减小图像文件的大小。颜色表用来存放图像中的颜色并为这些颜色建立颜色索引，颜色表可在转换的过程中定义或在生成索引模式图像后修改。

第1章　第2章　第3章　第4章　第5章　第6章　第7章　第8章　第9章

9. 多通道模式

多通道模式对于有特殊打印要求的图像非常有用。例如，如果图像中只使用了一、两种或三种颜色时，使用多通道模式可以减少印刷成本，保证图像颜色的正确输出。

1.2.3 颜色模式的转换

为了能够在不同场合正确输出图像，有时需要把图像从一种模式转换为另一种模式。Photoshop 通过执行"图像"→"模式"子菜单中的命令，来转换需要的颜色模式。这种颜色模式的转换有时会永久性地改变图像中的颜色值。例如，将 RGB 模式图像转换为 CMYK 模式图像时，CMYK 色域之外的 RGB 颜色值被调整到 CMYK 色域之内，从而缩小了颜色范围。由于有些颜色模式在转换后会损失部分颜色信息，因此在转换前最好为其保存一个备份文件，以便在必要时恢复图像。

1. 将彩色模式转换为灰度模式的图像

将彩色模式转换为灰度模式图像时，Photoshop 会扔掉原图像中所有的色彩信息，而只保留像素的灰度级。因此，灰度模式可作为位图模式和彩色模式相互转换的中介模式。

2. 将其他模式的图像转换为位图模式

将其他模式的图像转换为位图模式会使图像颜色减少到两种，这样就大大简化了图像中的颜色信息，并减小了文件大小。要将图像转换为位图模式，必须首先将其转换为灰度模式，这会去掉像素的色相和饱和度信息，而只保留亮度值。但是，由于只有很少的编辑选项能用于位图模式图像，所以最好是在灰度模式中编辑图像，然后再转换它。在灰度模式中编辑的位图模式图像转换为位图模式后，看起来可能不一样：例如，在位图模式中为黑色的像素，在灰度模式中经过编辑后可能会是灰色，如果像素足够亮，当转换回位图模式时，它将成为白色。

3. 将其他模式转换为索引颜色模式

在将彩色模式转换为索引颜色模式时，会删除掉图像中的很多颜色，而仅保留其中的 256 种颜色，即许多多媒体动画应用程序和网页所支持的标准颜色数。只有灰度模式和 RGB 模式的图像可以转换为索引颜色模式。由于灰度模式本身就是由 256 种颜色灰度构成，因此转换为索引颜色后无论颜色还是图像大小都没有明显的差别。但将 RGB 模式的图像转换为索引颜色模式后，图像的大小将明显减小，同时图像的视觉品质也将受损。

4. 将 RGB 模式的图像转换成 CMYK 模式图像

如果将 RGB 模式的图像转换成 CMYK 模式图像，图像中的颜色就会产生分色，颜色的色域就会受到限制。因此，如果图像是 RGB 模式的，最好在 RGB 模式下编辑完成后，再转换成 CMYK 模式图像进行输出和印刷。

5. 利用 Lab 模式进行模式转换

在 Photoshop 所能使用的颜色模式中，Lab 模式的色域最宽，它包括 RGB 和 CMYK 色域中的所有颜色，所以使用 Lab 模式进行转换时不会造成任何色彩上的损失，Photoshop 便是以 Lab 模式作为内部转换模式来完成不同颜色模式之间转换的。例如，将 RGB 模式的图像转换为 CMYK 模式时，计算机内部首先会把 RGB 模式转换为 Lab 模式，然后再将 Lab 模式的图像转换为 CMYK 模式的图像。

6. 将其他模式转换为多通道模式

多通道模式可通过转换颜色模式和删除原有图像的颜色通道得到。将 CMYK 图像转换为多通道模式可创建由青、洋红、黄和黑色专色构成的图像，将 RGB 图像转换为多通道模式可创建由青、洋红和黄专色构成的图像。从 RGB、CMYK 或 Lab 图像中删除一个通道会自动将图像转换为多通道模式，原来的通道被转换为专色通道。专色是特殊的预混油墨，用来替代或补充印刷四色油墨；专色通道是可为图像添加预览专色的专用颜色通道。

1.2.4 常用文件格式

Photoshop 功能强大，支持几十种文件格式，因此能很好地支持多种应用程序。文件格式是一种将文件以不同方式进行保存的格式。在 Photoshop 中，它主要包括固有格式（PSD），应用软件交换格式（EPS、DCS、Filmstrip）、专有格式（GIF、BMP、Amiga IFF、PCX、PDF、PICT、PNG、Scitex CT、TGA）、主流格式（JPEG、TIFF）、其他格式（Photo CD YCC、FlshPix）。这里只介绍在 Windows 下较为普遍使用的格式。

1. PSD 格式

Photoshop 的固有格式 PSD 体现了 Photoshop 独特的功能和对功能的优化，例如，PSD 格式可以比其他格式更快速地打开和保存图像，很好地保存层、蒙版、注释，压缩方案不会导致数据丢失等。但是，很少有应用程序能够支持这种格式，仅有很少的软件支持 PSD，并且可以处理每一层图像。有的图像处理软件仅限制在处理平面化的 Photoshop 文件，无法按图层处理，如 ACDSee 等软件，而其他大多数软件不支持 Photoshop 这种固有格式。

2. TIFF 格式

TIFF（Tag Image File Format，标记图像文件格式）是 Aldus 在 Mac 初期开发的，目的是使扫描图像标准化。它是跨越 Mac 与 PC 平台最广泛的图像打印格式，是一种灵活的位图图像格式，受几乎所有的绘画、图像编辑和页面排版应用程序的支持。而且，几乎所有的桌面扫描仪都可以产生 TIFF 图像。此外 TIFF 使用 LZW 无损压缩，大大减少了图像体积。

TIFF 格式支持具有 Alpha 通道的 CMYK、RGB、Lab、索引颜色和灰度图像以及无 Alpha 通道的位图模式图像。Photoshop 可以在 TIFF 文件中存储图层，但如果在其他应用程序中打开此文件，则只能看到拼合后的图像。Photoshop 也可以用 TIFF 格式存储注释、透明度和多分辨率金字塔数据。

3. JPEG 格式

JPEG（Joint Photographic Experts Group，联合图形专家组）是平时最常用的图像格式。JPEG 是一个最有效、最基本的有损压缩格式，保留了 RGB 模式图像中的所有颜色信息，它通过有选择地丢弃数据来压缩文件大小，被大多数图形处理软件所支持。JPEG 格式的图像还广泛用于 Web 的制作。如果对图像质量要求不高，但又要求存储大量图片，使用 JPEG 无疑是一个好办法。但是，对于要求进行图像输出打印，最好不使用 JPEG 格式，因为它是以损坏图像质量为代价来提高压缩质量的。压缩级别越高，得到的图像品质越低；压缩级别越低，得到的图像品质越高。在大多数情况下，"最佳"品质选项产生的结果与原图像几乎无分别。

4. GIF 格式

GIF（Graphics Interchange Format，图形交换格式）是在 World Wide Web 及其他联机服务上常用的一种文件格式，用于显示超文本标记语言（HTML）文档中的索引颜色图形和图像。GIF 是一种用 LZW 压缩的格式，限定在 256 色以内的色彩，目的在于减小文件大小和缩短数据传输时间。GIF 格式保留索引颜色图像中的透明度，但不支持 Alpha 通道。GIF 格式以 87a 和 89a 两种代码表示。GIF87a 严格支持不透明像素，而 GIF89a 可以控制那些区域透明，因此，更大地缩小 GIF 的尺寸。如果要使用 GIF 格式，就必须转换成索引色模式，使色彩数目转为 256 或更少。

5. PNG 格式

PNG（Portable Network Graphic Format，便携网络图形格式）是作为 GIF 的无专利替代品，专门为 Web 开发的，用于在 World Wide Web 上无损压缩和显示图像。与 GIF 不同，PNG 支持 24 位图像并产生无锯齿状边缘的背景透明度，但是，某些 Web 浏览器不支持 PNG 图像。PNG 格式支持无 Alpha 通道的 RGB、索引颜色、灰度和位图模式的图像。PNG 保留灰度和 RGB 图像中的透明度。

6. BMP 格式

BMP（Windows Bitmap，图像文件格式）是 DOS 和 Windows 兼容计算机上的标准 Windows 图像格式，这种格式被大多数软件所支持。BMP 格式采用了一种叫 RLE 的无损压缩方式，对图像质量不会产生什么影响。BMP 格式支持 RGB、索引颜色、灰度和位图颜色模式。

7. PDF 格式

PDF（Portable Document Format，便携式文档格式）是由 Adobe Systems 创建的一种文件格式，允许在屏幕上查看电子文档。PDF 文件还可被嵌入到 Web 的 HTML 文档中。

8. Pixar 格式

Pixar 格式是专为高端图形应用程序（如用于渲染三维图像和动画的应用程序）设计的，支持具有单个 Alpha 通道的 RGB 和灰度图像。

9. TGA 格式

True Vision 的 TGA（Targa）和 NuVista 视频板可将图像和动画转入电视中，PC 机上的视频应用软件都广泛支持 TGA 格式。

10. EPS 格式

EPS（Encapsulated PostScript，压缩语言文件格式）可以同时包含矢量图形和位图图形，并且几乎所有的图形、图表和页面排版程序都支持该格式。EPS 格式用于在应用程序之间传递 PostScript 语言图片。当打开包含矢量图形的 EPS 文件时，Photoshop 栅格化图像将矢量图形转换为像素。EPS 格式支持 Lab、CMYK、RGB、索引颜色、双色调、灰度和位图颜色模式，但不支持 Alpha 通道，支持剪贴路径。

11. DCS 格式

DCS（桌面分色）格式是标准 EPS 格式的一个版本，可以存储 CMYK 图像的分色。使用 DCS 2.0 格式可以导出包含专色通道的图像。若要打印 EPS 文件，必须使用 PostScript 打印机。

1.3 Photoshop CS5 基本操作

1.3.1 Photoshop 环境设置

在第一次启动 Photoshop 软件时，可以进行一些基本的环境设置，以提高工作效率。选择"编辑"→"首选项"→"常规"命令，或按【Ctrl】+【K】组合键，可以打开"首选项"对话框。对话框中共有 10 个预设项目，可以进行如下设置。

1. 增加历史记录的数目

在处理图片过程中，系统会自动记录每步操作过程，可以让使用者还原或重做多个步骤，默认的步骤是 20 步，如图 1-7 所示，提高这个数字就可以提高还原的步骤数目。注意这个数字和内存是息息相关的，数字越大占用内存越大，如果系统内存低于 128M，尽量不要做提高的改动。

图 1-7　修改历史记录个数

2. 改变笔刷的形状

在绘画中如果想让绘制的位置更加准确，可以将绘画光标更改为"标准"或"精确"光标，不过通常情况下选择默认的"画笔大小"，如图 1-8 所示，可用鼠标单击选择。

3. 调整标尺和文字的单位

标尺出现在现用窗口的顶部和左侧，可根据图片的制作目的，进行标尺和文字的设定。

如果是用于印刷，可将标尺和文字的单位设置为通用尺寸单位（如英寸、厘米、毫米等）；如果是用于屏幕显示（如网页图像、软件界面设计），可将单位设置为显示尺寸，如图 1-9 所示。

图 1-8　修改画笔精准度

图 1-9　修改量度单位

4. 调整网格参考线

参考线和网格出现在现用窗口的内部，它们是一种辅助线，可根据图片的整体来设置其颜色，通过右侧的色块更改默认的线条颜色。其中网格线间隔可对照标尺和文字的设定来进行设置，如图 1-10 所示。

图 1-10　调整参考线和切片

5. 更改暂存盘

暂存盘是 Photoshop 软件系统在硬盘上开辟的一些空间，用于存放临时文件，默认暂存盘为操作系统安装的硬盘分区。在启动软件后，会自动提示将其第一暂存盘改为其他硬盘分区。因为操作系统启动后会大量占用硬盘空间，再运行 Photoshop 后，硬盘空间会明显不足，当达到一定程度，Photoshop 会提示内存不足，并且无法完成一些比较复杂的操作。因此最好将第一暂存盘设置到其他硬盘剩余空间较大的硬盘分区，还可以将其他硬盘分区设置为第二、第三及第四暂存盘，这样，如果一个暂存盘满了，系统会自动跳转到其他硬盘分区存储临时文件。

6. 设置内存

如果在运行 Photoshop 的同时不运行其他占用内存较大的程序，可以将内存使用设置中 Photoshop 占用的内存比例提高到 70% ~ 90%。注意不要提高到 100%，因为需要为其他一些程序保留一些空间，如图 1-11 所示。

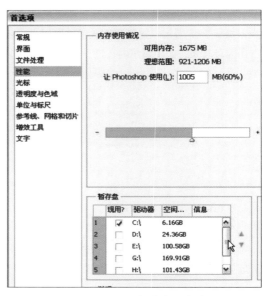

图 1-11　设置暂存盘及内存

1.3.2　Photoshop CS5 基本操作

1. 打开与保存文件

（1）打开文件

在 Photoshop 打开文件的方法有多种，下列任何一种方法都可以打开文件。

① 选择菜单栏上的"文件"→"打开"命令，在"打开"对话框中选择要使用的文件，如图 1-12 所示。在"打开"对话框中，默认的查看方式为"详细信息"，只有在选择某一个图片文件后才可以在下方的浏览区域中看到该图片的缩略图。要想连续或跳跃选择多个文件，在选择时可分别按下【Shift】键或【Ctrl】键进行选择，单击下方的"打开"按钮即可。

② 当 Photoshop 没有打开任何图片的时候，双击工作区也可以开启"打开"界面。

③ 对图片对象右击打开"快捷菜单"→"打开方式"→"Photoshop CS5"。

④ 直接把图片拖动到 Photoshop 绘图区。

（2）保存文件

执行"文件"→"存储"或"存储为"命令，选择存储位置、图片格式及名称。

图 1-12　打开文件

用 Photoshop 保存文件要注意一个问题，就是图片的最终保存格式。系统默认的格式是 Photoshop 的固有格式 PSD 格式，也可保存为其他格式的文件。

2. 使用文件浏览器

文件浏览器（Bridge）也可以用来浏览、查找和处理图像文件。可以通过文件浏览器创建新文件夹、重新命名、移动和删除文件，甚至旋转图像，也可以浏览从数码相机置入的图像的文件信息和其他数据。文件浏览器的使用方法和打开窗口一样，不同的是它可以在浏览文件的同时显示详细信息，可在多个雷同文件中快速找到所需要的文件。

执行"文件"→"浏览"命令或执行"窗口"→"文件浏览器"命令，可弹出文件浏览器；或者单击工具选项栏中的文件浏览器按钮也可以弹出文件浏览器。

3. 建立新文件

执行"文件"→"新建"命令，可弹出"新建"对话框，如图1-13所示。在"新建"对话框中对所建文件进行各种设定：在"名称"文本框中输入图像名称；在"预设"的下拉菜单中可选择一些预设的图像尺寸，也可在"宽度"和"高度"复选栏后面的文本框中输入自定义的尺寸，并可选择不同的度量单位；"分辨率"的单位习惯上采用"像素/英寸"，如果制作的图像用于印刷，需设定300像素/英寸的分辨率；在"模式"后面的下拉菜单中可设定图像的色彩模式。"图像大小"显示的是当前文件的大小，数据将随着宽度、高度、分辨率数值及模式的改变而改变。

图1-13　新建空白画布

"背景内容"中的3个选项用于设定新文件的颜色，包括"白色""背景色"和"透明"。选择"透明"选项后新建的图像背景显示的是灰白相间的方格，如图1-14所示，并且图像的名称栏上有"图层"字样，表明当前文件是透明的图层文件。如图1-14所示最上面的名称栏中表明当前文件的名称，括号内的"图层1"表明当前选中的图层，RGB表示当前的图像模式。选择"白色"选项后，用白色（默认的背景色）填充背景图层或第一层；选择"背景色"选项后，用当前的背景色填充背景图层或第一个图层。

在"高级"复选区中，可选取色彩配置文件，或选取"没有色彩管理文件"。对于"像素纵横比"除非使用用于视频的图像，否则选取"正方形"。在此情况下，选取另一个选项即可使用非正方形像素。

图1-14　新建透明背景画布

4. 更改图像大小

选择"图像"→"图像大小"命令，就会弹出"图像大小"对话框，如图1-15所示。在"图像大小"选项卡中可以看到当前图像的"宽度"和"高度"，通常是以"像素"为单位，还有一个单位是"百分比"可输入缩放的比例，右边的链接符号表示锁定长宽的比例。若想改变图像的比例，可取消勾选对话框下端的"约束比例"复选框。"像素大小"后面的数字表示当前文件的大小，如果改变了图像的大小，"像素大小"后面会显示改变后的图像大小，并在括号内显示改变前的图像大小。

在"文档大小"选项栏中可设定图像的高度、宽度以及分辨率，常用分辨率的单位是"像素/英寸"，印刷常用的分辨率是300ppi。

在对话框的最下端有一个"重定图像像素"复选项，如果选中此选项，可以改变图像的大小：如果将图像变小，也就是减少图像中的像素数量，对图像的质量没有太大影响；若增加图像的大小，或提高图像的分辨率，也就是增加像素数量，则图像就根据此处设定的差值运算方法来增加像素。"两次立方"是速度最慢，但最精确的一种增加像素的方法；"邻近"是最不精确的一种方法，是取最邻近像素的色值用于新增加的像素；"两次线性"

是一种中间质量的运算方法。

图 1-15　修改图像大小

　　如果取消"重定图像像素"选项，则在"文档大小"栏中的 3 项都会被锁定，也就是说图像的大小被锁定，总的像素数量不变。当改变高度和宽度值时，分辨率也同时发生变化，增加高度，分辨率就会降低，但两者的乘积不变。另外也可以选择"编辑"→"预置"→"常规"命令，设定"图像插值"，如图 1-16 所示。

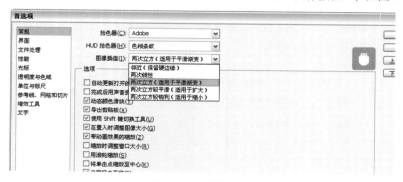

图 1-16　图像插值

5. 更改画布大小

　　使用图像大小对话框可以按比例缩放图像，如果希望保持图像像素比例扩展或裁切画布，可以使用"画布大小"。选择"图像"→"画布大小"命令，就会弹出"画布大小"对话框，如图 1-17 所示，可以在宽度和高度的下拉选项中选择单位。

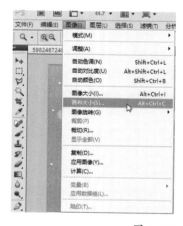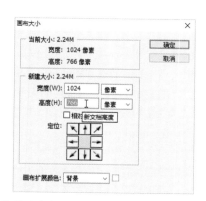

图 1-17　设置画布大小

下方定位箭头可以设置九个方向的扩展或者裁切，默认位置为居中。

如果设置新图像的高度和宽度大于原图像的高度和宽度时，画面向上下左右扩展，新扩展部分在背景层的填充颜色为背景色，其他图层为透明效果；如果设置新图像的高度和宽度小于原图像，则相当于图像按新尺寸裁切。

6. 标尺、参考线和网格

Photoshop 系统为用户提供了一整套的辅助线和标尺，使用它们可以准确定位。

（1）标尺

选择"视图"→"标尺"命令，或按【Ctrl】+【R】组合键，便可以打开标尺。标尺单位的设置如图 1-6 所示。标尺的水平和垂直的 0 刻度交会点称为标尺的原点，原点默认是在图像的左上角，要将标尺原点对齐网格、切片或者文档边界，选取"视图"→"对齐到"命令，然后从子菜单中选取相应选项即可。

（2）参考线

参考线是浮在整个图像上但不会被打印出来的直线。参考线可以移动或删除，也可以锁定，以免不小心移动它。为了得到最准确的读数，建立参考线最好是先把标尺打开。

① 参考线创建方法：选取"视图"→"新参考线"命令，在对话框中，选择"水平"或"垂直"方向，并输入位置，然后单击"好"按钮。还可以通过水平标尺拖移以创建水平参考线，通过垂直标尺拖移以创建垂直参考线。按住 Alt 键，可以通过垂直标尺拖移以创建水平参考线，通过水平标尺拖移以创建垂直参考线。按住 Shift 键可通过水平或垂直标尺拖移以创建与标尺刻度对齐的参考线。

② 参考线移动方法：选择工具箱中的移动工具将指针放置在参考线上（指针会变为双箭头），移动参考线。如图 1-18 所示。

③ 参考线锁定方法：选择"视图"→"锁定参考线"命令将参考线锁定。

④ 参考线删除方法：删除一条参考线，可将该参考线拖移到图像窗口之外；删除全部参考线，可选取"视图"→"清除参考线"命令。

（3）网格

网格与参考线的特性相似，也是显示但不打印的辅助线，可通过"视图"→"显示"→"网格"命令显示网格，如图 1-19 所示。当在屏幕（不是图像）像素内拖移时，选区、选框和工具与参考线或网格对齐，参考线移动时也与网格对齐，可以通过"视图"→"对齐到"→"网格"命令，打开或关闭此功能。网格的相关设置主要在"编辑"→"预置"中设置。

参考线和网格的颜色、样式等都是可以改变的，选择"编辑"→"预置"→"参考线、网格和切片"命令，进行设置即可，如图 1-10 所示。如果打算关掉参考线和网格，再次选择"视图"→"显示"→"网格和参考线"命令，取消前面的勾选即可。

图 1-18　绘制辅助线

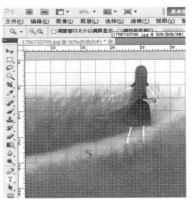

图 1-19　显示网格

7．图像浏览模式和缩放控制

在工具箱的下面有 3 个按钮，提供了三种显示方式，从左向右分别是"标准屏幕模式""带有菜单栏的全屏显示模式""全屏模式"，用鼠标单击它们可以切换不同的显示状态，在西文状态下按【F】键也可达到切换的目的。在全屏模式下，按【Tab】键可将所有的面板关闭，这样可无干扰地观看图像效果。

在 Photoshop 的"视图"菜单下，有很多菜单命令用来控制不同的显示比例，可通过下拉菜单中右侧一栏的快捷键来实现图像的放大或缩小显示。一个图像最大的显示比例是 1600%，最小是显示一个像素。图像的显示比例并不是显示器中的图像大小或图像输出尺寸的真正比值。实际上，显示器显示图像时，是由许多屏幕像素来表现图像的颜色和层次变化的，因此，这里的显示比例应当是显示器的屏幕像素与图像本身像素之间的比例关系，而并非显示图像大小与实际图像大小的关系。例如，显示比例为 100% 时，表示一个屏幕像素对应一个图像像素，即图像在显示器上的真实显示尺寸，也就是"实际像素"，并非印刷的真实"打印尺寸"；显示比例为 200% 时，则表示显示器上两个像素对应图像中的一个像素。

（1）放大与缩小命令

"视图"菜单下的"放大"与"缩小"命令，可以用来改变当前图像的显示比例。其操作特点是每使用一次命令，图像的显示尺寸放大一倍或缩小一倍，如从 300% 放大到 400%，或从 300% 缩小到 200%，无法产生非整数倍的显示比例。

（2）满画布显示

使用"视图"菜单下的"满画布显示"命令，或双击工具箱中抓手工具 ✋，可以自动找到屏幕上完全显示当前图像的最大显示比例，也就是以图像完全出现在当前窗口内的最大比例来显示图像。

（3）实际像素

实际像素是以一个显示器的屏幕像素对应一个图像所显示的像素，也就是 100% 的显示比例。在 Photoshop 中，直接使用"视图"菜单中的"实际像素"命令，或双击工具箱中的放大镜工具 🔍，便可实现 100% 的显示比例。

（4）打印尺寸

印刷尺寸，是指不考虑图像的分辨率，而只以图像本身的宽度和高度（印刷时的尺寸）来表示一幅图像的大小。使用"视图"菜单下的"打印尺寸"命令可以在屏幕上显示出图像的实际印刷大小，但如果真正用尺子量一下的话，会发现这个尺寸仍然是一个相对大小，它只是实际印刷尺寸的一个近似值。

（5）缩放工具

缩放工具可以起到放大或缩小图像的作用。在工具箱中选择缩放工具 🔍 时，光标在画面内显示为一个带加号的放大镜，使用这个放大镜单击图像，即可实现图像的成倍放大，而按住【Option】(Mac OS)/【Alt 】(Windows)键使用缩放工具时，光标为减号的缩小镜，单击可实现图像的成倍缩小，也可使用缩放工具在图像内圈出部分区域，来实现放大或缩小指定区域的操作。在工具箱中双击缩放工具 🔍，可使图像按真实显示尺寸（实际像素或 100% 显示比例）显示。

在缩放工具的选项栏中，允许用户选定一个重设窗口尺寸的开关"调整窗口大小以满屏显示"。这个开关被选中时，每次使用缩放工具改变图像显示比例，都会重新设定窗口的大小，也就是窗口尺寸会跟着变化；而关闭这一开关时，使用缩放命令时窗口的尺寸不变。

（6）抓手工具

当图像的显示比例较大时，图像窗口不能完全显示整幅画面，这时可以使用抓手工具来拖动画面，以卷动窗口来显示图像的不同部位。当然，也可以通过窗口右侧及下方的滑轨和滑块来移动画面的显示内容。在工具箱中双击抓手工具可使图像全屏显示。

如果在使用其他绘图工具的时候，需要用抓手工具调整图像位置，可以按【Space】键暂时切换到此工具，放手后会自动回到原来使用的工具。

（7）导航器

导航器是用来观察图像的，如图 1-20 所示，可方便地进行图像的缩放（此处的缩放是指将图像放大或缩小以便对图像全部及局部的观察，图像本身并没有发生大小的变化或像素的增减）。在调板的左下角显示百分比数字，可直接输入百分比，按【Enter】键，图像就会按输入的百分比显示，在导航器中可查看相应的预览图；也可用鼠标拖动导航器下方的三角滑块来改变缩放的比例，滑动栏的两边有两个形状像山的小图标，左侧的图标较小，单击此图标可使图像缩小显示，单击右侧的图标可使图像放大。

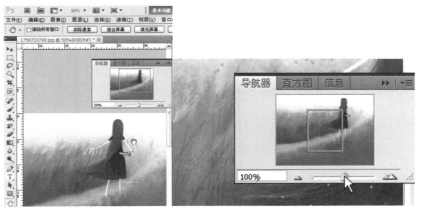

图 1-20　导航器调板

单击"导航器"右边的三角按钮，在弹出的菜单中选择"面板选项"命令，可弹出"面板选项"对话框，在该对话框中可定义"显示框"的颜色，在"导航器"的预览图中可看到用色框表示图像的观察范围，默认色框的颜色是红色。在"面板选项"对话框中，用鼠标单击色块就会弹出拾色器，选择颜色后将其关闭，在色块中会显示所选的颜色。另外，也可从"颜色"后面的弹出菜单中，选择软件已经设置的其他颜色。可按住鼠标左键，将"导航器"中的"显示框"移动到任意位置，当按住【Ctrl】键时，鼠标在"导航器"中就变成放大镜的形状，此时，可用鼠标拖曳出任意大小的方框来对图像进行局部的观察。

8. 在线帮助系统

打开 Photoshop 软件，选择"帮助"→"Photoshop在线…"命令，就会弹出如图 1-21 所示的窗口，在"目录"中列出了帮助文件的所有内容，用户可以顺次浏览并有选择地进行打印。相关的内容之间均有动态的链接，也可以单击"搜索"命令，在输入栏中输入要寻找的内容，例如，输入"通道"就会弹出所有和通道相关的内容。

单击工具箱中最上面的大按钮，或选择"帮助"→"Adobe Online"命令，就会弹出 Adobe Online对话框，如果是第一次打开 Adobe Online，则需要单击"预置"按钮从 Adobe 网站上下载一个开始画面，以后就可以单击开始画面上不同的主题来启动网络浏览器，并且可连接到相关的网页上。

图 1-21　帮助文档

1.3.3　Photoshop CS5 辅助工具简介

Photoshop 还有一组绘图工具以外的辅助工具，可以帮助用户对图像进行测量和控制，如图 1-22 所示。

1. 吸管工具

吸管工具可以选取图像中某个位置的颜色，并把它设置为前景色，方便后续绘图使用。使用方法为，用吸管工具单击图中需要的颜色区，即可把选中的像素点的颜色选中，设置为前景色。

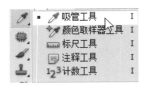

图 1-22　辅助工具

使用吸管工具时，打开信息面板，还会把当前吸管工具所指位置的颜色 RGB 值显示出来。除了可以使用默认的"取样点"方式外，还可以选择"3×3平均"、"5×5平均"等取样范围，以保证选取的颜色是该区域颜色的平均值，提高颜色选择的精确度。

图 1-23　吸管工具

由于吸管工具在绘制图像取色时很常用，在使用其他工具绘图时，可以按【Alt】键短暂地切换到吸管工具，取色后放开按钮，就可以接着使用原来的绘图工具，这种用法在设计过程中更为常见。

2. 颜色取样器工具

由于颜色的 RGB 编码在多款软件通用，颜色取样器工具在网页设计中十分常用，它可以记录图像中选定点的 RGB 数值。

一个图像最多可定义四个取样点，这些颜色信息将在信息面板中记录和保存，如图 1-24 所示，如需删除某个记录点，可以按【Alt】键，并把鼠标移动到记录点上，当鼠标变成剪刀图案时单击左键即可删除取样点。

3. 标尺工具

在商业制图中，经常出现需要按比例绘制的图像，标尺工具可以灵活地量度两点间的距离，角度（A）、长度（L）等信息会在信息面板中显示，如图 1-25 所示。每次只能拉出一根标尺线段，用鼠标再次绘制线段时，上一次绘制的线段就会消失。

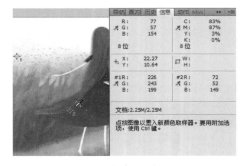

图 1-24　颜色取样器工具

图 1-25　标尺工具的使用

使用标尺绘制出线段后，还可以使用属性栏的"拉直"命令，该命令结合了旋转画布和裁切功能，可以根据标尺线段调整整个画面，使标尺绘制的直线变成水平或垂直效果，如图 1-26 所示，对家居的右侧边进行拉直。

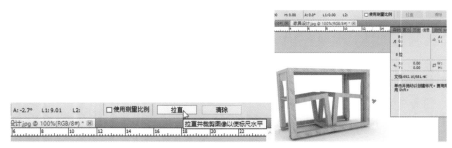

图 1-26　拉直命令

4. 注释工具

Photoshop 中可以将"文字注释"或"语音注释"附加到图像上，这对于在图像中加入评论、制作说明或其他信息非常有用。Photoshop 注释与 Adobe Acrobat 兼容，因此通过注释可使 Acrobat 用户和 Photoshop 用户交换信息。文字注释在图像上都显示为不可打印的小图标。它们与图像上的位置相关联，与图层无关，可以显示或隐藏注释，打开文字注释并查看或编辑其内容。

在 Photoshop 图像画布上的任何位置都可以添加文字注释或语音注释。当创建文字注释时，将出现一个大小可调的窗口用于输入文本。选择工具箱中的文字注释工具，此时的选项栏上会出现有关文字注释工具的设定栏，如图 1-27 所示。

在"作者"后面输入作者姓名，姓名将出现在注释窗口的标题栏中；"字体"和"大小"用来设定注释文字的字体和大小；"颜色"用来选择注释图标和注释窗口的标题栏的颜色。将鼠标移到

图 1-27　文字注释

图像窗口上，单击要放置注释的位置，或拖移鼠标以设定窗口的大小，此时会出现空白的文字注释窗口，可在窗口内键入文字。如果键入的文字超出了注释窗口的满屏显示，可使用滚动条浏览，完成注释后，可以单击窗口的关闭按钮，将文字注释窗口最小化，等到下一次要预览文字内容时再打开即可。

5. 计数工具

计数工具一般用于标注图像中的物体数量，如图 1-28 所示，用计数工具单击需要标记的图案即可产生数字标签。如需删除数字标签，只需按【Alt】键，在已有的标签上方，当鼠标图案从"+1"变成"-1"时，单击即可删除。

图 1-28　计数工具

本章习题

一、选择题

1. 关于 RGB 正确的描述的是（　　）。

    A. 色光三元色　　　　　B. 印刷用色　　　　　　C. 一种专色　　　　　　D. 网页用色

2. PHOTOSHOP 工具箱的工具中有黑色向右的小三角符号，表示（　　）。

    A. 有下级子菜单　　　　　　　　　　　B. 能点出对话框

    C. 有并列的工具　　　　　　　　　　　D. 该工具有特殊作用

3. 哪种方法不能打开一个图形文件（　　）。

    A. 【Ctrl】+【O】   B. 双击工作区域

    C. 直接从外部拖动一幅图片到 Photoshop 界面上

    D. 【Ctrl】+【N】

4. 图像分辨率的单位是（　　）。

    A. dpi   B. ppi   C. dot   D. pixel

5. 在 Photoshop 中，在使用各种绘图工具时，（　　）可以暂时切换到吸管工具。

    A. 按住【Alt】键   B. 按住【Ctrl】键

    C. 按住【Shift】键   D. 按住【Tab】键

6. 在 Photoshop 中允许一个图像的显示的最大比例范围是（　　）。

    A. 100.00%   B. 200.00%   C. 600.00%   D. 1600.00%

7. PhotoshopCS5 的默认状态下，历史记录有（　　）条。

    A. 15   B. 20   C. 25   D. 30

8. 下列（　　）分辨率适用于书面打印。

    A. 72dpi   B. 144dpi   C. 150dpi   D. 300dpi

二、上机操作

1. 启动 Photoshop CS5，在其工作界面上认识工具箱，并将鼠标移至每一个工具图标上稍停几秒钟，将右下角弹出的提示框中每个工具的名称写出来。

2. 启动 Photoshop CS5，在其工作界面上认识各种功能面板，并将四组面板关闭，然后再将它们打开。

3. Photoshop CS5 在工具箱中提供了三种显示方式，在这三种显示方式中切换查看图像。

4. 把分辨率为 72ppi 的图像设置为分辨率是 300ppi 的图像，要求像素的大小不变。

5. 创建一个名为 a 的新文件并使其满足下列要求：长度为 30 厘米、宽度为 20 厘米，分辨率为 72ppi，模式为 RGB，8 位通道，背景内容为白色。

6. 使用两种方法打开一个图像文件，并在该图像中加入文字注释："欢迎观看"。

7. 打开一个图像文件，在状态栏中观察其显示比例，并将显示比例改变为 100%。

8. 打开一个图像文件将其模式转换为灰度模式。

9. 打开 003.jpg，如图 1-29 所示，并使用"图像大小"和"画布大小"命令把图片裁切成 400 像素 ×400 像素的效果图，如图 1-30 所示。

图 1-29　原图效果

图 1-30　完成效果

第 2 章
创建和编辑选区

在使用 Photoshop 设计和处理图像的过程中，我们会用到许多需要调整的特定区域，该区域一般称为选区。选区在图像编辑过程中扮演着非常重要的角色，它限制着图像编辑的范围和区域，灵活而巧妙地运用选区，能得到许多意想不到的效果。创建选区是为了限制图像的编辑范围，从而得到精确的效果。

2.1 创建选取的基本方法

图像选取是进行图像处理的基础，各种图像处理的操作往往是基于图像选取、在图像区域上进行的。Photoshop CS5 创建选区的基本方法有使用规则选框工具创建选区、使用不规则选区工具创建选区、运用命令创建随意选区，并提供了三种选区工具：选框工具，套索工具，魔棒工具。

2.1.1 规则选框工具

Photoshop CS5 提供了 4 个选框工具用于创建形状规则的选区，包括矩形选框工具、椭圆选框工具、单行选框工具、单列选框工具，分别用于建立矩形、椭圆、单行、单列选区，如图 2-1 所示。

图 2-1　规则选框工具

1. 创建规则选区

（1）矩形选框工具

在工具箱中选择矩形框工具，将鼠标移到图像内，在需要获取选区的位置按住鼠标左键并拖动鼠标，绘制出一个矩形选区，如图 2-2 所示。

※ 提示 Tips

　按【Shift】键可创建正方形选区，按【Alt】键可创建以起点为中心的选区，按【Shift】+【Alt】组合键可创建以起点为中心的正方形。

取消选区，按【Ctrl】+【D】组合键或使用"选择"菜单下"取消选择"命令即可取消选区。

（2）椭圆选框工具

在工具栏中选择椭圆选框工具，将鼠标移到图像内，在需要获取选区的位置按住鼠标左键拖动，绘制出一个椭圆选区，如图 2-3 所示。

图 2-2　矩形选区

图 2-3　椭圆选区

第1章
第2章
第3章
第4章
第5章
第6章
第7章
第8章
第9章

> **☀ 提示 Tips**
>
> 按【Shift】+【M】组合键可以快速选择椭圆选框工具；按【Shift】键可以创建正圆选区；按【Alt】键可以创建以起点为中心的选区；按【Shift】+【Alt】组合键可以创建以起点为中心的正圆形选区。

（3）单行选框工具

单行选框工具可以在图像中选取出 1 个像素的横线区域。在图像中单击鼠标，创建水平方向只有 1 个像素的矩形选区。在通常的视图状态下看见的只是一条直线，将视图放大，可以看到矩形区域。

（4）单列选框工具

在图像中单击鼠标，创建垂直方向只有 1 个像素的矩形选区。在通常的视图状态下看见的只是一条直线，将视图放大，可以看到矩形区域。

2. 设置选框工具的属性

在工具箱中选择工具后，在窗口上方会出现该工具的工具属性栏，如图 2-4 所示。

图 2-4　选框工具属性栏

（1）当前工作按钮□▼：单击此按钮可以打开工具箱的快捷菜单。

（2）图标按钮□□□□：这 4 个按钮依次为"新选区""添加到选区""从选区减去"以及"与选区交叉"。新选区按钮可创建新选区，但创建的上一个选区将被取消；添加到选区按钮将创建的新选区与上一个选区相加，变为一个新选区；从选区减去将会在原有选区中减去绘制的选区；单击选区交叉按钮，如果原选区与绘制的选区相交，那么相交的部分将作为新选区。

（3）羽化：羽化选区可以模糊选区边缘的像素，产生过渡效果。羽化宽度越大，则选区的边缘越模糊，选区的直角部分也将变得圆滑，这种模糊会使选定范围边缘上的一些细节丢失。羽化值的范围是 0px ～ 250px。

（4）消除锯齿：勾选此复选框后，选区边缘的锯齿将被消除，此选项在椭圆选区工具中才能使用。

（5）样式：此选项用于设置选区的形状。"正常"选项表示可以创建不同大小和形状的选区；选定"固定长宽比"选项可以设置选区宽度和高度之间的比例，并可在其右侧的"宽度"和"高度"文本框中输入具体的数值；若选择"固定大小"选项，表示将锁定选区的长宽比例及选区大小，并可在右侧的文本框中输入一个数值。

（6）调整边缘：单击该按钮，将弹出"调整边缘"对话框，在对话框中可以设置相应参数。

2.1.2　不规则选区工具

当背景色比较单一且与选择对象的颜色存在较大的反差时，可以使用磁性套索工具、魔棒工具、快速选择工具等，在使用过程中要注意在拐角及边缘不明显处手动添加一些节点，即可快速将图像选中。

工具箱中包含 3 种不同类型的套索工具：套索工具、多边形套索工具、磁性套索工具，运用这 3 种工具都可以创建不规则多边形选区。使用魔棒工具或快速选择工具可创建与图像颜色相近或相同的像素选区。

1. 运用套索工具创建不规则选区

在 Photoshop CS5 中运用套索工具可创建任意形状的选区，但选区不大精细，通常用来创建不大精确的选区。先在图像创建选区的起点，按住鼠标左键沿着需要的轨迹拖动，直到回到起始点再释放左键，如图 2-5 所示。

图 2-5　使用套索工具创建的选区

2. 运用多边形套索工具创建选区

运用多边形套索工具可以在图像编辑窗口中绘制不规则选区，并且创建的选区非常精确，如图 2-6 所示。

提示 Tips

运用多边形套索工具创建选区时，按住【Shift】键的同时单击鼠标左键，可以沿水平、垂直或 45°方向创建选区。在运用套索工具或多边形套索工具时，按住【Alt】键可以在两个工具之间进行切换。

3. 运用磁性套索工具创建选区

磁性套索工具主要适用于快速选择与背景对比强烈并且边缘复杂的对象，它可以沿着图像的边缘生成选区。在图像先创建选区的起点，然后沿着荷花边缘移动鼠标，就会有一条带锚点的细线自动吸附到荷花边缘上，如图 2-7 所示。

图 2-6　使用多边形套索工具创建的选区

图 2-7　用磁性套索工具创建的选区

提示 Tips

运用磁性套索工具自动创建边界选区时，按住【Delete】键可以删除上一个节点和线段，若选择的边框没有贴近被选图像的边缘，可以在选区上单击鼠标左键，手动添加一个节点，然后将其调整至合适位置即可。

在磁性套索工具的属性栏中除了有套索工具的属性外，还多出了宽度、对比度等参数：

（1）宽度：用于设置与边的距离，以区分路径，取值范围为 1px ～ 40px。

（2）对比度：用于设置边缘对比度，以区分路径，取值范围为 1% ～ 100%，用来定义磁性套索工具对边缘的敏感程度。如果输入较高的数字，磁性套索工具只能检索到那些和背景对比度非常大的物体边缘；如输入较小的数字，就可检索到低对比度的边缘。

（3）频率：用于设置锚点添加到路径中的密度，取值范围为 0 ～ 100，数值越大，产生的锚点也就越多。

（4）笔刷压力：用于设置绘图板的笔刷压力，单击此按钮，套索的宽度会变细。

对于图像中边缘不明显的物体，可设定较小的套索宽度和边缘对比度，跟踪的选择范围会比较准确。通常来讲，设定较小的"宽度"和较高的"边对比度"，会得到较准确的选择范围；反之，设定较大的"宽度"和较小"边对比度"，得到的选择范围会比较粗糙。

4. 运用快速选择工具创建选区

快速选择工具属于颜色选择工具，在移动鼠标的过程中，它能够快速的选择多个颜色相似的区域，相当于按住【Shift】键或【Alt】键的同时不断地使用魔棒工具单击。可以通过调整画笔的笔触、硬度和间距等参数，快速单击或拖动创建选区。拖动时，选区会向外扩展并自动查找和跟随图像中定义的边缘。步骤如下：

◆ Step 01：打开素材，选择工具箱中的 ✎ **快速选择工具**，在属性栏中设置合适的画笔大小，然后在画布中按住鼠标在小鱼内部拖动鼠标，在拖动过程中，可以看到选区会向外扩展并自动查找和跟随图像中定义的边缘。在选取卡通人物过程中，可以多次拖动，以将其全部选中。

◆ Step 02：减选多余选区，单击属性栏中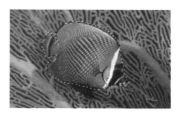按钮，在多选的位置拖动鼠标，减选多余选区。

◆ Step 03：添加没选到的部分，单击属性栏中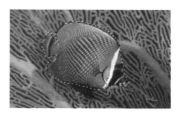按钮，在没选中的位置拖动鼠标，增加选区，效果如图 2-8 所示。

图 2-8　运用快速选择工具创建选区

5. 运用魔棒工具创建选区

魔棒工具用于创建与图像颜色相近或相同的像素选区，可以选择颜色一致的区域，而不必跟踪其轮廓。较低的容差值使魔棒选取与所点按像素非常相似的颜色，而较高的容差值可以选择更宽的色彩范围。如果"连续的"被选中，则容差范围内的所有相邻像素都被选中；若选中"用于所有图层"，那么魔棒工具将在所有可见图层中选择颜色，否则只在当前图层中选择颜色。

（1）创建选区。

打开素材，选择工具箱中的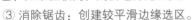，在属性栏中设置容差为 40，然后在画布中黄色区域单击鼠标，单击处以及周围颜色在容差范围内的区域将被选中，效果如图 2-9 所示。

（2）设置魔棒工具属性栏属性

① 图标按钮□□□□：这 4 个按钮一次为"新选区""添加到选区""从选区减去"以及"与选区交叉"。

② 容差：确定选定像素的相似点差异。以像素为单位输入一个值，范围介于 0 到 255 之间。如果值较低，则会选择与所单击像素非常相似的少数几种颜色；如果值较高，则会选择范围更广的颜色。

③ 消除锯齿：创建较平滑边缘选区。

④ 连续：只选择使用相同颜色的邻近区域。否则，将会选择整个图像中使用相同颜色的所有像素。

图 2-9　运用魔棒工具创建选区

⑤ 对所有图层取样：使用所有可见图层中的数据选择颜色。否则，魔棒工具将只从现有图层中选择颜色。

2.1.3　运用命令创建随意选区

复杂不规则选区指的是随意性很强、不局限在几何形状内的选区，它可以是任意创建的，也可以是通过计算机得到的单个或多个选区。

运用命令创建随意选区的方法有两种：使用"色彩范围"命令创建选区和使用"选择"菜单命令创建选区。

1. 使用"色彩范围"命令创建选区

"色彩范围"命令是一个利用图像中的颜色变化关系来制作选择区域的命令，此命令是根据选取色彩的相似程度，在图像中提取相似的色彩区域而生成的选区。操作步骤如下：

◆ Step 01：打开素材，选择"选择"→"色彩范围"命令，弹出"色彩范围"对话框，如图 2-10 所示。

◆ Step 02：在弹出的对话框中设置颜色容差为 45，此时鼠标指针变为 <img> 形状，将鼠标指针移到图像窗口中，单击衣服以吸取颜色。

◆ Step 03：在对话框中单击 <img> 按钮，并在"选区预览"选框中选择"白色杂边"选项，在图像中反复单击衣服的其他位置以增加取样颜色，效果如图 2-11 所示。

◆ Step 04：单击"确定"按钮，此时即完成选区的创建，如图 2-12 所示。

图 2-10　"色彩范围"对话框

图 2-11　使用"色彩范围"命令选取效果

图 2-12　使用"色彩范围"命令创建选区

2. 使用"选择"菜单命令创建选区

执行"选择"→"全部"命令，此时可选择整个图像。在编辑图像过程中，若像素图像的元素过多或者需要对整幅图像进行调整，则可以使用"全部"命令来完成。使用此命令可达到意想不到的效果。

◆ Step 01：打开一个素材文件，如图 2-13 所示。

◆ Step 02：在选取工具箱中选择矩形选区工具。

◆ Step 03：在图像编辑窗口创建一个矩形选区。

◆ Step 04：选择"图像"→"调整"→"反相"（快捷键：【Ctrl】+【I】）。

◆ Step 05：选择"选择"→"全部"（快捷键：【Ctrl】+【A】）。

◆ Step 06：选择"图像"→"调整"→"反相"，可查看图像全选状态，最终效果如图 2-14 所示。

图 2-13　使用"选择"菜单素材

图 2-14　使用"选择"菜单最终效果

3. 使用"扩大选取"和"选取相似"命令创建选取

"选择"菜单中"扩大选取"和"选取相似"两个命令，是用来扩大选择范围的。和魔棒工具一样，它们是根据像素的颜色近似程度来增加选择范围的。选择范围由"容差"来控制，同样是在魔棒工具选项栏中设定。

使用方法是，先确定小块选区，再从"选择"菜单中选择"扩大选取"命令和"选取相似"命令，它们的不同之处在于："扩大选取"命令只作用于相邻的像素，而"选取相似"命令是针对图像中所有颜色相近的像素。

2.1.4 使用快速蒙版模式创建选区

快速蒙版模式是另一种快捷有效的选区创建方法，可以将任何选区作为蒙版进行编辑，而无需使用"通道"面板，在查看图像时也可如此。在工具箱中，双击"快速蒙版"模式按钮 ，弹出"快速蒙版选项"对话框，如图 2-15 所示。

"被蒙版区域（M）"可使被蒙版区域显示为黑色（不透明），使选中区域显示为白色（透明）。用黑色绘画可扩大被蒙版区域，用白色绘画可扩大选中区域。使用该选项时，工具箱中的"快速蒙版"按钮显示为灰色背景上的白圆圈 。

图 2-15　"快速蒙版选项"对话框

"所选区域（S）"可使被蒙版区域显示为白色（透明），使选中区域显示为黑色（不透明）。用白色绘画可扩大被蒙版区域；用黑色绘画可扩大选中区域。使用该选项时，工具箱中的"快速蒙版"按钮显示为白色背景上的灰圆圈 。

颜色和不透明度设置都只是影响蒙版的外观，对蒙版下面保护的区域没有影响。更改这些设置能使蒙版与图像中的颜色对比更加鲜明，从而具有更好的可视性。

使用快速蒙版模式创建选区的具体步骤如下：

◆ Step 01：打开素材，如图 2-16 所示。

◆ Step 02：在工具箱中双击"快速蒙版"模式按钮，在弹出"快速蒙版选项"对话框中选中"所选区域（S）"单选按钮，其他设置不变，单击"确定"按钮。

◆ Step 03：在工具箱中选择 画笔工具，并在画笔工具属性栏中设置画笔大小，然后在人物脸上进行涂抹，涂抹的多余部分可使用"橡皮擦工具"擦除，如图 2-17 所示。

◆ Step 04：单击工具箱中"以标准模式编辑"按钮 ，即完成选区的创建，最终效果如图 2-18 所示。

图 2-16　快速蒙版模式创建
选区素材

图 2-17　快速蒙版模式创建
选区涂抹后的效果

图 2-18　快速蒙版模式创建
选区最终效果

2.2　管理编辑选区

选区创建后，为使编辑图像更精确，还需对选区进行编辑，可多次对其进行编辑操作，以得到满意的选区状态。用户可能对某一个选区进行扩大、缩小、操作，也可能需要对该选区进行缩放、旋转等变换操作才能得到满意效果。

2.2.1 移动选区

在处理图像过程中，经常需要对选区进行移动操作，使图像更加符合设计的需要。

移动选区的具体操作步骤如下：

◆ Step 01：打开素材，在工具箱中选择"椭圆选框工具"，在图像中按住鼠标左键并拖动，创建出一个椭圆形的选区，如图 2-19 所示。

◆ Step 02：将鼠标指针移到选区内部，这时鼠标指针变为 ▸᠁，按住鼠标左键并拖动，即可移动所创建的选区，如图 2-20 所示。

图 2-19　椭圆形的选区

图 2-20　移动选区效果

2.2.2 变换选区

使用"变换选区"命令可以直接改变选区的形状，而不会对选区的内容进行更改。

变换选区的具体操作步骤如下：

◆ Step 01：打开素材文件"变换选区 .jpg"，使用"矩形选框工具"在图像中创建一个矩形选区，如图 2-21 所示。

◆ Step 02：执行"选择"→"变换选区"命令，选区周围出现一个带有控制手柄的变换框，如图 2-22 所示。

图 2-21　创建一个矩形选区

图 2-22　图像中带有控制手柄的变换框

◆ Step 03：在属性栏中设置其属性，如图 2-23 所示。

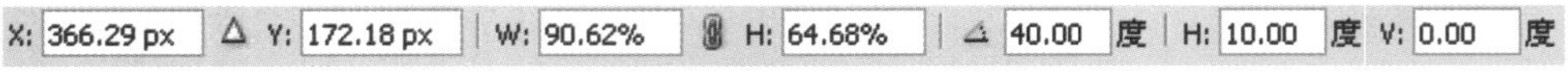

| X: 366.29 px | △ Y: 172.18 px | W: 90.62% | 🔗 H: 64.68% | ⊿ 40.00 度 | H: 10.00 度 | V: 0.00 度 |

图 2-23　变换选区属性栏设置

◆ Step 04：在变换框中右击鼠标，在弹出的快捷菜单中选择"变形"命令，如图 2-24 所示。

◆ Step 05：单击"变形"命令，如图 2-25 所示。

◆ Step 06：拖动变换框中的控制手柄，即可调整选区的形状，调整好后按【Enter】键确定操作，效果如图 2-26 所示。

图 2-24 选择快捷菜单中"变形"命令

图 2-25 带控制手柄的选区

图 2-26 变换选区最终效果图

> **提示 Tips**
>
> 变换选区对选区内的图像没有任何影响,当运用"变换"命令时,才会变换选区内的图像。

2.2.3 修改选区

选区创建后,可以对选区进行许多操作,修改选区属于其中的一种,可以按特定的数量的像素扩展或收缩选区,可以用新选区框住现有选区,也可以平滑选区,主要操作有边界选区、平滑选区、扩展选区、收缩选区、羽化选区和调整边缘等。

1. 边界选区

使用"边界"命令可以得到有一定羽化度的选区,因此在进行填充、描边等操作后可得到柔边效果的图像。但"边界选区"对话框中的"宽度"值不能过大,否则会出现明显的马赛克边缘效果。具体操作方法如下:

◆ Step 01:打开素材文件"边界选区.jpg",使用矩形选框工具绘制一个矩形选区,效果如图 2-27 所示。

◆ Step 02:单击"选择"→"修改"→"边界",弹出的"边界选区"对话框,设置宽度为 80px,效果如图 2-28 所示。

图 2-27 边界选区素材

图 2-28 边界选区效果图

> **提示 Tips**
>
> 按住【Shift】键绘制选区即可在原有的选区基础上添加选区,按住【Alt】键绘制选区即可在原有选区的基础上减少选区,按住【Shift】+【Alt】键绘制选区即可与原有的选区相交操作。

2. 平滑选区

使用魔棒工具操作选区时,得到的选区边缘往往呈现很明显的锯齿状,使用平滑选区命令可以使选区更光滑。

具体操作如下：

◆ Step 01：打开素材文件"平滑选区 .jpg"，使用魔棒工具画一选区，效果如图 2-29 所示。

◆ Step 02：单击"选择"→"修改"→"平滑"，在弹出的"平滑选区"对话框中，设置取样半径为20px。效果如图 2-30 所示。

图 2-29　平滑选区

图 2-30　平滑选区效果图

3. 扩展 / 收缩选区

单击"选择"→"修改"→"扩展"命令，在弹出的"扩展选区"对话框中设置"扩展量"数值可以扩大当前选区，输入的数值越大，选区被扩展得就越大，在此允许输入的数值范围为 1 ~ 100，使用收缩命令得到的结果则与之相反。

4. 羽化选区

羽化选区可以使选区的边缘呈现柔和的淡化效果，使之产生一个渐变过渡。

5. 调整边缘

使用"调整边缘"命令可以对现有的选区进行更为深入的修改，从而得到更为精确的选区。Photoshop CS5 新增了一个神奇的去背功能，那就是利用选取范围的"调整边缘"将背景去除掉。调整边缘功能，除了可快速地完成去背外，还可以修正白边以及使边缘平滑化，让去背变得更加轻松，即便不会色版与路径工具，也可以一样完成漂亮的去背，使得抠图变得容易。

首先创建选区，然后单击"选择"→"调整边缘"命令，或在工具栏中单击"调整边缘"按钮，也可弹出"调整边缘"对话框，如图 2-31 所示。

调整边缘对话框中各主要选项的含义如下：

（1）视图：此下拉列表框有 7 种不同的效果图，方便预览，为用户在不同的图像背景和色彩环境下编辑图像提供了视觉上的方便。

（2）半径：可以微调选区与图像边缘之间的距离，数值越大，则选区会越精确地靠近图像边缘。

（3）平滑：用于减小选区边界中的不规则区域，创建更加平滑的轮廓。

（4）羽化：与"羽化"命令的功能基本相同，用来柔化选区边缘。

（5）对比度：可以锐化选区边缘并去除模糊的不自然感。

（6）移动边缘：负值收缩选区边界，正值扩大选区边界。

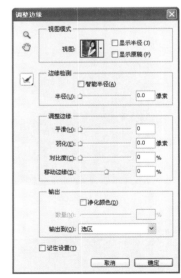
图 2-31　"调整边缘"对话框

2.2.4　选区的保存和载入

在 Photoshop 中，在对图像进行编辑的过程中可能要多次重复使用同一选区，此时可以对该选区进行保存，需要时直接载入选区。保存选区的具体操作如下：

◆ Step 01：打开素材文件"选区载入.jpg"，创建选区，效果如图2-32所示。

◆ Step 02：单击"选择"→"存储选区"命令，弹出"存储选区"对话框，如图2-33所示。设置选区要保存的文件名为"保存选区1"、创建通道方式为"新建"，操作设置为新建通道，单击"确定"按钮，即保存选区。

图 2-32　选区载入图

图 2-33　"存储选区"对话框

◆ Step 03：打开"通道"面板，即可看到刚才保存的通道，如图2-34所示。

> **提示 Tips**
>
> "存储选区"对话框中，各主要选项的含义如下：
> ① 新建通道：使用新通道替换原来的通道。
> ② 添加到通道：在原来的通道中加入该通道，使两个选区相加。
> ③ 从通道中减去：从原来的通道中减去该通道，使两个选区相减。
> ④ 与通道交叉：将新通道选区与原通道选区的交叉部分定义为新通道。

载入选区的具体操作如下：

◆ Step 01：取消上面操作的选区（按【Ctrl】+【D】组合键），单击"选择"→"载入选区"命令，弹出"载入选区"对话框，在"通道"下拉列表中选择通道名称，如图2-35所示。

◆ Step 02：单击"确定"按钮，此时即可成功地在图像中载入选区，如图2-36所示。

图 2-34　"通道"面板

图 2-35　"载入选区"对话框

图 2-36　在图像中载入选区

2.3　应用选区

在Photoshop中创建选区以及编辑选区的目的是使用选区对图像进行编辑。

2.3.1　移动选区内图像

移动图像操作除了可以用来调整选区图像的位置外，也可以用于在图像编辑窗口之间复制图层或选取图像。当在背景图层中移动选区图像时，移动后留下的空白区域将以背景色填充；当在普通图层中移动选区图像时，移动后留下的空白区域将变为透明，从而显示下方图层的图像。

利用选区移动图像的具体操作如下：

◆ Step 01：打开素材文件"移动图像 .jpg"，创建选区，框选金鱼图像，如图 2-37 所示。

◆ Step 02：按住【Ctrl】键的同时拖动选区，即可移动选区内的图像，如图 2-38 所示。

图 2-37　移动图像素材　　　　　　　　　　图 2-38　移动图像效果图

2.3.2　清除选区内图像

要清除选区内图像，可以执行"清除"命令。如果在背景图层中清除选区图像，将会在清除的图像区域填充背景色；如果在其他图层中清除图像，将得到透明区域。具体操作如下：

◆ Step 01：打开素材文件"清除选区内图像 .jpg"，创建如图 2-39 所示的选区。

◆ Step 02：单击"选择"→"反向"命令，如图 2-40 所示。

◆ Step 03：单击"选择"→"修改"→"羽化"命令，弹出"羽化选区"对话框，设置羽化半径为20px，然后单击"确定"按钮。

◆ Step 04：设置背景颜色为（R:220，G:238，B:240），然后按【Delete】键，弹出"填充"对话框，如图 2-41 所示。在"使用"下拉列表中选择"背景色"，单击"确定"按钮，此时即清除选区内的图像，并以背景色进行填充，如图 2-42 所示。

图 2-39　清除选区内　　图 2-40　清除选区内　　　图 2-41　"填充"对话框　　　图 2-42　清除选区内
　　　　　图像素材　　　　　　　　图像反选效果　　　　　　　　　　　　　　　　　　　　　　图像效果

2.3.3　描边选区

有时创建选区并不是为了得到选区内部定义的图像，而是要根据选区的外形进行描边或填充操作。使用"描边"命令可以为选区图像添加不同颜色和宽度的边框，以增强图像的视觉效果。

创建选区后即可对选区进行描边操作，单击"编辑"→"描边"命令，弹出"描边"对话框，如图 2-43 所示。

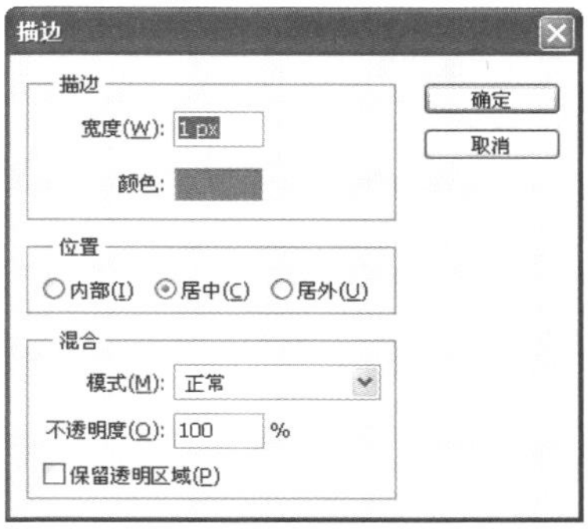

"描边"对话框中的各主要选项的含义如下：

① 宽度：设置该文本框中的数值可确定描边线条的宽度，数值越大，线条越宽。

② 颜色：单击颜色块，可在弹出的"拾色器"对话框中选择需要的颜色。

③ 位置：选择各个单选按钮可以设置描边线条相对于选区的位置。

④ 保留透明区域：如果当前描边的选区范围内存在透明区域，则选择该选项后，将不对透明区域进行描边。

图 2-43　"描边"对话框

描边具体操作如下：

◆ Step 01：打开素材文件"描边 .psd"，在图层面板中选中"文字"图层，按住【Ctrl】键的同时单击"文字"图层缩略图创建选区，如图 2-44 所示。

◆ Step 02：单击"编辑"→"描边"命令，在弹出的"描边"对话框中进行参数设置，颜色设为红色，描边宽度设为 3px，单击"确定"按钮，然后按【Ctrl】+【D】组合键取消选区，效果如图 2-45 所示。

图 2-44　描边素材

图 2-45　描边效果图

2.3.4　定义图案

自定义图案是用来填充用的。用户可以在图像中，用矩形选框工具绘制选区，将要定义的图像选中，然后选择"编辑"下的定义图案命令，就可以定义图案，以备用。

※ 提示 Tips

在使用矩形选框工具时，羽化值一定要设置为 0。

◆ Step 01：打开素材文件"定义图案 .jpg"，用矩形选框工具绘制如图 2-46 所示的选区。

◆ Step 02：选择"编辑"→"定义图案"命令，弹出"图案名称"对话框，如图 2-47 所示。

选择油漆桶工具，在选项栏的图案弹出式面板中可以看到刚定义的图案，如图 2-48 所示。

图 2-46　定义图案素材

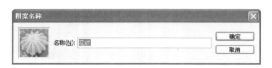

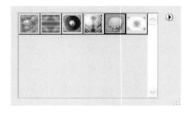

图 2-47　"图案名称"对话框　　　　　　图 2-48　图案弹出式调版

2.3.5　填充选区

填充指的是在被编辑的图像文件中，对整体或局部使用单色、多色或复杂的图案进行覆盖。

1. 填充颜色

填充颜色的方法主要有：运用填充命令填充颜色、运用油漆桶工具填充颜色、运用渐变工具填充渐变色、运用快捷键填充颜色。

（1）运用填充命令填充颜色

填充命令功能非常强大，可用于根据需要填充颜色和图案等。具体操作如下：

◆ Step 01：打开素材文件"填充颜色 .jpg"，用套索工具绘制如图 2-49 所示的选区。

◆ Step 02：单击"编辑"→"填充"命令，弹出"填充"对话框，如图 2-50 所示。

在"使用"列表选择"颜色"，弹出"选取一种颜色"对话框，选取需要的颜色，选好颜色后单击"确定"按钮，效果如图 2-51 所示。

图 2-49　填充颜色素材　　　　图 2-50　　"填充"对话框　　　　图 2-51　填充最终效果

"填充"对话框中各主要选项含义如下：

① 使用：在此下拉列表框中可以选择 9 种不同的填充类型。

② 自定图案：在"使用"下拉列表中选择"图案"选项后，该下拉列表被激活，单击其图案缩览图，在弹出的"自定图案"选择框中可以选择一个用于填充的图案。

③ 模式 / 不透明度：该选项的参数与画笔工具属性栏中的参数意义相同。

④ 保留透明区域：如果当前填充的图层中含有透明区域，选择该选项后，则只填充含有像素的区域。

※ 提示 Tips

通常情况下，在运用该"填充"命令进行填充操作时，需要先创建一个合适的选区，若当前图像中不存在选区，则填充效果将作用于整幅图像。

（2）运用油漆桶工具填充颜色

运用油漆桶工具可快速、便捷地为图像填充颜色，填充的颜色以前景色为准。操作方法是：先建立选区，然后单击工具箱中的"油漆桶工具"，设置好属性，再使用鼠标在选区中单击，即可填充颜色。

油漆桶工具属性栏中各主要选项的含义如下：

① 设置填充区域的源：在该下拉列表中可以选择用前景色或是用图案进行填充。

② 模式：用于设置油漆桶工具在填充颜色时的混合模式。

③ 消除锯齿：选择该复选框后，在填充颜色时将对选区边缘进行柔化。

④ 连续的：选择该复选框后，会在相邻的像素上填充颜色。

⑤ 所有图层：选择该复选框后，填充将作用于所有图层，否则只作用于当前图层。

（3）运用渐变工具填充渐变色

使用渐变工具可以创建多种颜色间的过渡效果，用户可以从预设的渐变颜色中选择渐变颜色。操作方法与运用油漆桶工具填充颜色一样。

在渐变工具属性栏中，渐变工具提供了以下 5 种渐变方式：

① 线性渐变：从起点到终点做直线形状的渐变。

② 径向渐变：从中心开始做圆形放射状渐变。

③ 角度渐变：从中心开始做逆时针方向的角度渐变。

④ 对称渐变：从中心开始做对称直线形状的渐变。

⑤ 菱形渐变：从中心开始做菱形渐变。

☼ 提示 Tips

渐变编辑器“位置”文本框中显示的标记点在渐变效果预览条的位置，用户可以通过输入数字或直接拖曳渐变颜色带下端的颜色标记点来改变颜色标记点的位置，按【Delete】键或者直接在图形化界面单击“删除”按钮都可以达到删除颜色标记的效果。

（4）运用快捷键填充颜色

要对当前图层或创建的选区填充颜色，可以使用快捷键完成操作。

填充前景色：【Alt】+【Delete】/【Alt】+【BackSpace】

填充背景色：【Ctrl】+【Delete】/【Ctrl】+【BackSpace】

2. 填充图像

在图像上填充预设图案，这样就可以打造出一种叠加的效果。

（1）运用“填充”命令填充图案

运用“填充”命令不但可以填充颜色，还可以填充图案。除了运用软件自带的图案外，用户还可以定义一个图案，并设置“填充”对话框中各选项，进行图案的填充。具体操作如下：

◆ Step 01：打开素材文件“填充图案 .jpg”，用套索工具绘制如图 2-52 所示的选区。

◆ Step 02：选择“编辑”→“填充”命令，在弹出的“填充”对话框中设置“使用”为图案，在“自定图案”列表中选择上面定义的“花纹”图案，单击“确定”按钮，效果如图 2-53 所示。

图 2-52　填充图案素材

图 2-53　填充图案效果图

（2）运用油漆桶工具填充图案

油漆桶工具常用于快速对图像进行前景色或图案填充。单击油漆桶工具栏上 ▾ 的下拉选项，从弹出面板中选择所需的图案，然后鼠标单击所需填充的位置即可。

（3）运用"内容识别"命令修复图像

利用"填充"对话框中的"内容识别"命令，可以将内容自动填补。运用此功能可以删除相片中某个区域（例如不需要的图像内容），遗留的空白区域由 Photoshop 自动填补，即使是复杂的背景也同样可以识别填充，此外此功能也能填补相片四角的空白。

"填充"对话框中的"内容识别"命令是 Photoshop CS5 的新增功能，该功能非常强大，在物体被选中的情况下，会自动识别选中的内容，并填充被选择区域以外的、适合整体效果平衡的颜色至选中区域。具体操作如下：

◆ Step 01：打开素材文件"内容识别.jpg"，用矩形选框工具绘制如图 2-54 所示的选区。

◆ Step 02：选择"编辑"→"填充"命令，在弹出的"填充"对话框中设置"使用"为内容识别，单击"确定"按钮，效果如图 2-55 所示。

图 2-54　内容识别素材

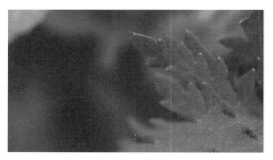

图 2-55　内容识别最终效果图

本章习题

一、选择题

1. 在图像中绘制一个矩形选区，要用前景色进行填充最快捷的方法是（　　）。

    A. 使用油漆桶工具   B. 使用【Alt】+【Delete】组合键（在英文状态下）

    C. 使用菜单中的填充命令   D. 使用【Ctrl】+【Delete】组合键（在英文状态下）

2. 下列（　　）工具可以方便地选择连续的、颜色相似的区域。

    A. 矩形选框工具   B. 椭圆选框工具   C. 魔棒工具   D. 磁性套索工具

3. 当执行"存储选区"命令后，选区是被存入在下列（　　）中。

    A. 路径面板   B. 画笔面板   C. 图层面板   D. 通道面板

4. Photoshop 中使用磁性套索工具进行操作时，要创建一条直线，按住（　　）键单击即可。

    A. 【Alt】   B. 【Ctrl】   C. 【Tab】   D. 【Shift】

5. 为了确定磁性套索工具对图像边缘的敏感程度，应调整下列哪个数值（　　）。

    A. 容差   B. 边对比度   C. 套索宽度   D. 羽化

6. Photoshop 中在绘制选区的过程中想移动选区的位置，可以按住（　　）键拖动鼠标。

    A. 【Ctrl】   B. 【Space】   C. 【Alt】   D. 【Esc】

7. 设置一个适当的羽化值，然后对选区内的图形进行多次【Delete】键操作后可以实现（　　）。

    A. 选区边缘的锐化效果   B. 选区扩大

C. 选区扩边　　　　　　　　　　　　　　　D. 选区边缘的模糊效果

8. 在 Photoshop 中使用矩形选框工具的情况下，按住（　　）可以创建一个以落点为中心的正方形的选区。

    A. 【Ctrl】+【Alt】组合键　　　　　　　　B. 【Ctrl】+【Shift】组合键

    C. 【Alt】+【Shift】组合键　　　　　　　　D. 【Shift】

9. 下面对魔棒工具描述正确的是（　　）。

    A. 魔棒只能作用于当前图层　　　　　　　　B. 魔棒常用于复杂背景图层的选择

    C. 在魔棒选项面板中可通过改变容差数值来控制选择范围

    D. 在魔棒选项面板中容差数值越大选择颜色范围越小

10. 关于多边形套索工具，正确的是（　　）。

    A. 属于绘图工具　　　　　　　　　　　　　B. 可以形成直线型的多边形选区

    C. 属于规则选框工具　　　　　　　　　　　D. 按住鼠标进行拖曳，就可以形成选区

二、操作题

1. 打开素材文件"练习 1.jpg"，运用按钮创建如图 2-56 所示选区。

图 2-56

2. 使用选区工具绘制如图 2-57 所示图案。

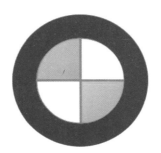

图 2-57

3. 打开素材文件"练习 3-1.jpg""练习 3-2.jpg""练习 3-3.jpg"和"练习 3-4.jpg"，把四幅图片合并成如图 2-58 和图 2-59 所示的效果（注意抠图时要羽化 3 个 px）。

图 2-58

图 2-59

4. 创建如图 2-60 所示的形式的网页框架，要求大小为 990 像素 ×800 像素。

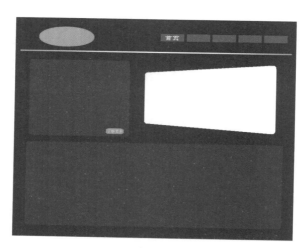

图 2-60

第 3 章
图像的编辑和修饰

本章将介绍有关图像编辑的基础操作方法和技巧，如色彩模式及其转换，色彩和色调的调整，以及部分"图像"菜单命令。当然在进行图像编辑之前还需掌握一些图像和色彩的基础知识。

3.1 图像色彩处理

3.1.1 拾色器

Photoshop 使用前景色来绘画、填充和描边选区，使用背景色来生成渐变填充和在图像已被抹除的区域中填充。单击工具箱中左下角的前景色或背景色选择框■，或者在"颜色"面板中，单击"设置前景色"或"设置背景色"选择框，就可以显示"拾色器"面板，如图 3-1 所示。拖动颜色滑块或在色域中单击，即可拾取颜色。

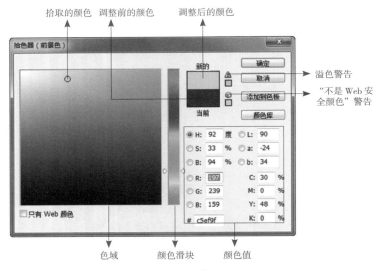

图 3-1　拾色器面板

3.1.2 颜色面板

通过"窗口"→"颜色"可以显示"颜色"面板，如图 3-2 所示。"颜色"面板显示当前前景色和背景色的颜色值。使用"颜色"面板中的滑块，可以利用几种不同的颜色模型来编辑前景色和背景色，也可以从显示在面板底部四色曲线图中的色谱中拾取前景色或背景色。

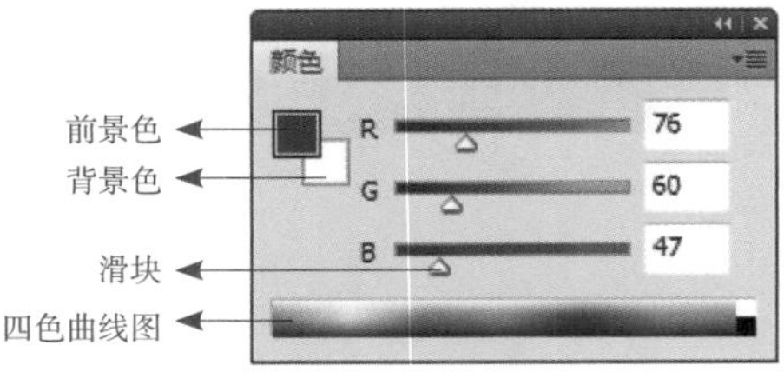

单击面板右上角的下拉箭头 ▼≡，可以显示"颜色"面板菜单，在菜单中可以更改滑块的颜色模式和面板显示色谱。

图 3-2　颜色面板

3.1.3 色板面板

除了在"颜色"面板中可以选取颜色外，在色板面板中也可以选取颜色，如图 3-3 所示。单击"色板"面板中的"新建"图标 ，可以将前景色添加到色板中；将色板拖动到"删除"图标 ，可以将该颜色从"色板"面板中删除。

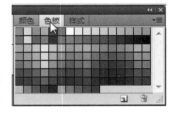

图 3-3　色板面板

3.1.4　吸管工具

当你需要某种颜色，利用"颜色"面板和"色板"面板取不准时，就可以利用"吸管"工具 ✒ 在图像或屏幕的指定位置上单击一下，就可拾取该点颜色为前景色，如图 3-4 所示；按【Alt】键单击，则将拾取的颜色设置为背景色如图 3-5 所示。

图 3-4　前景色的变化

图 3-5　背景色的变化

吸管工具的属性栏如图 3-6 所示。

图 3-6　吸管工具属性栏

（1）取样大小：决定了吸管工具的取样范围。选择"取样点"选项，可拾取鼠标指针所在位置像素的精确颜色；选择"3×3 平均"选项，可拾取鼠标指针所在位置 3 个像素区域内的平均颜色，其他选项依此类推。

（2）样本：选择"所有图层"选项，表示可在所有图层上取样；选择"当前图层"选项，表示只能在当前图层上取样。

（3）显示取样环：勾选该复选框，在吸取颜色后可预览取样颜色的圆环。但是此项只有在启动 OpenGL 后才可使用。

3.2　图像的裁切和变换

在 Photoshop 中经常要对图片中的图像进行裁剪、变换等处理，下面来了解一下如何使用裁剪工具和变换命令。

3.2.1　图像的裁剪

裁剪是移去部分图像，以形成突出或加强构图效果的过程。用户可以使用裁剪工具 🔲 或"裁剪"命令裁剪图像。

1. 使用裁剪工具的操作步骤

◆ Step 01：打开素材"裁剪工具 .jpg"，如图 3-7 所示 。

◆ Step 02：选择裁剪工具 🔲 ，在工作区中按住鼠标左键进行拖动，如图 3-8 所示，在合适的位置上释放鼠标，如图 3-9 所示。

提示 Tips

如有需要，还可以对裁剪选框进行移动、缩放、旋转等调整。

◆ Step 03：单击属性栏中"确定"按钮 ✔，即可对图片进行裁剪，如图 3-10 所示。按【Esc】键或单击
选项栏中的"取消"按钮 ⊘，可以取消裁剪操作。

图 3-7　裁剪原图　　　　图 3-8　拖动鼠标　　　　图 3-9　选中选区　　　　图 3-10　裁剪后图像

裁剪前，在属性栏（见图 3-11）中可以设置重新取样选项。

（1）要裁剪图像而不重新取样（默认），就要确保属性栏中的"分辨率"文本框是空白的。

（2）要对图像进行重新取样，就在属性栏中输入高度、宽度和分辨率的值。

（3）要基于另一图像的尺寸和分辨率对一幅图像进行重新取样，需先打开那幅基准图像，选择裁剪工具，
然后单击属性栏中的"前面的图像"，再使要裁剪的图像成为现用图像。

图 3-11　裁剪工具属性栏

2. 使用裁剪命令裁剪图像步骤

◆ Step 01：使用选区工具来选择要保留的图像部分。

◆ Step 02：选取"图像"→"裁剪"。

3.2.2　切片

切片工具可以将图片分割成多个小块。在制作网页的时候，常常会先用 Photoshop 软件制作网页的效果图，
然后使用切片工具将效果图中需要用到的部分用切片工具切出，作为网页的图片素材。

◆ Step 01：打开素材"切片工具 .psd"。右击"裁剪工具"，在弹出的工具组中选择"切片工具" ✐，
如图 3-12 所示（按 C 键可以循环切换"裁剪工具"组中的工具）。

◆ Step 02：按住鼠标左键，在要创建切片的区域上拖动，拉出矩形，释放鼠标后即可创建切片。属性栏
中的样式，可以设置成"按正常"（拖动时确定切片比例）"固定长宽比""固定大小"三
种方式来切片。

◆ Step 03：重复上一操作，创建多个切片，最终效果如图 3-13 所示。图中带蓝色标记（如 01、02）是
用户切片，即用户自己切的；带灰色标记（如 03、05）是自动切片，即系统根据用户已切的
切片自动补充的切片。

图 3-12　选择切片工具

图 3-13　切片后效果

※ **提示　Tips**

　　按住【Shift】键并拖动，可将切片限制为正方形；按住【Alt】键（Windows）拖动可从中心绘制；使用"视图"→"对齐"可使新切片与参考线或图像中的另一切片对齐。

◆ Step 04：存储切片。单击"文件"→"存储为 Web 和设备所用格式"，在弹出的对话框保留默认设置；然后单击"存储"，在弹出对话框中，选择切片保存路径，设置好格式及保存切片类型，单击"保存"按钮即可。

（1）保存切片时，格式选择"HTML 和图像"则在相应的路径下保存一个 html 文件，并新建一个文件夹"image"保存切片图像；选择"仅限 HTML"，则只保留 html 文件；选择"仅限图像"，只新建一个文件夹"image"保存所有切片图像。

（2）保存切片时可以选择保留"所有切片"，或只保留"用户切片"，或只保留"选中的切片"

※ **提示　Tips**

　　在给网页效果图切片时，大面积的色块应单独切成一块，并尽可能保持在水平线上的整齐。例如，头部和底部可以分别作为一个大面积的色块单独切成一块。导航部分分割时应保持水平方向上等高。

选择切片选取工具 ，在切片上单击，则可以选中该切片，按住【Shift】键的同时单击切片，可以选中多个切片。选中切片后可以移动切片，拖动控制柄可以调整切片大小，单击右键还可以删除切片、编辑切片选项（更改切片名称、大小等）。

3.2.3　图像的变换

变换操作可以将缩放、旋转、扭曲、斜切、透视、变形和翻转等应用到选区、图层和矢量图形。

1. 变换对象

在 Photoshop 中会经常遇到对图像进行变换的情形，比如缩放、旋转等，这就需要用户熟悉图像的变换命令。图像变换分为"变换对象"命令与"自由变换对象"命令，它们的属性栏如图 3-14 所示。

水平缩放比例　　垂直缩放比例　　旋转角度　　水平倾斜角度　垂直倾斜角度

图 3-14　　"变换"和"自由变换"属性栏

下面通过实例"利用旋转制作阿迪达斯 Logo"学习一下图像变换的方法。

◆ Step 01：打开 Photoshop CS5，新建一个 400 像素 ×400 像素、分辨率为 72 像素 / 英寸、背景色为白色的文件。新建一个图层，在图层 1 上按第 2 章中的方法，绘制如图 3-15 所示的图形。

◆ Step 02：将图层 1 复制一次，选中"图层 1 副本"图层，单击菜单执行"编辑"→"变换"→"旋转"命令。将鼠标指针移至定位点✥的位置，当指针变成▸时，按住【Shift】键的同时，按下鼠标左键，向下移动定位点，如图 3-16 所示。在属性栏中设置旋转角度为 60°，单击"确定"按钮✔，效果如图 3-17 所示。

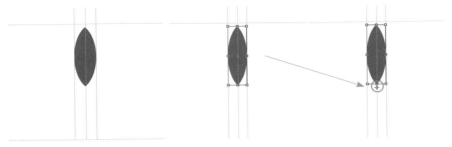

图 3-15　阿迪达斯基本形状　　　　图 3-16　改变定位点　　　　图 3-17　旋转 60° 的形状

※ 提示 Tips

在属性栏中单击参考点定位符上的方块🔲，也可以移动定位点，每个方块表示外框上的一个点。例如，单击参考点定位符左上角的方块，就可以将定位点移动到外框的左上角；还可以通过设置参考定位符后的 X 和 Y 坐标值来更改定位点的位置。

◆ Step 03：将图层 1 再复制一次，用同样的方法，将"图层 1 副本 2"旋转 -60°，得到如图 3-18 所示的图形。

※ 提示 Tips

旋转时，左右两边基本形状的定位点应移动到相同的坐标位置。

◆ Step 04：合并三个基本形状所在图层，建立细条矩形选区，删除图形，如图 3-19 所示。

◆ Step 05：用文本工具添加文字"adidas"，并用自定义形状工具绘制注册符号"®"，完成后效果如图 3-20 所示。

图 3-18　旋转 -60° 后的形状

图 3-19　删除细条矩形　　　　　　　　　　　图 3-20　阿迪达斯 Logo 最终效果

※ 提示 Tips

如果要变换整个图层，先要选择该图层，并确保没有选中任何对象；如果变换图层的一部分，需要在"图层"面板中选择该图层，然后建立选区，选择该图层上的部分图像。同样，也可以同时选中多个图层或多个对象进行变换。

2. 自由变换对象

自由变换对象命令和变换对象命令的用法基本一致。下面进行实际操作。

◆ Step 01：打开素材"自由变换 _ 叶子 .psd"，在图层面板中选择"图层 1"，复制该图层。

◆ Step 02：执行"编辑"→"自由变换"命令或者按【Ctrl】+【T】组合键，弹出"自由变换"定界框。
将鼠标指针移至图像的定位点上，当鼠标指针变为 时，按住鼠标左键并拖动，将定位点移至参考线交叉点位置，如图 3–21 所示。

◆ Step 03：在属性栏中，水平和垂直缩放比例都设置为 90%，旋转角度为 15° 后，单击"确定"按钮 ，得到如图 3–22 所示的图像。

◆ Step 04：复制"图层 1 副本"，按【Ctrl】+【Shift】+【T】组合键，重复复制图层及交换操作十次，得到如图 3–23 所示的图像。

◆ Step 05：同时选中"图层 1 副本"至"图层 1 副本 11"（即除最下面和最上面叶子以外的其他所有叶子所在图层），复制图层。

◆ Step 06：同时选中上一步骤中新复制的所有叶子所在图层，按【Ctrl】+【T】组合键，弹出"自由变换"定界框。同 Step02 中步骤，将定位点移至参考线交叉点位置，单击右键，在弹出的菜单中单击"水平翻转"，并应用变换，不显示参考线，得到如图 3–24 所示效果。

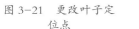

图 3–21　更改叶子定位点

图 3–22　旋转缩放一片叶子

图 3–23　半边效果

图 3–24　最终效果

※ 提示 Tips

　　按【Ctrl】+【Shift】+【T】组合键，可以重复上一步自由变换。在 Step04 中，每次都是复制最近一次进行了自由变换的图层。

3.3　绘图工具和修图工具

3.3.1　绘图工具

1. 色彩填充工具

色彩填充工具主要有油漆桶工具和渐变工具两个，如图 3–25 所示。有关油漆桶工具的使用方法，第 2 章中的"填充选区"中已做了详细阐述，此处不再赘述。需要指出的是，如果没有建立选区，填充的将是整个图层。

渐变是一种颜色向另一种颜色的过渡，以形成一种柔和的或者特殊规律的色彩区域。Photoshop 中的渐变工具可以创建多种颜色间的过渡。下面通过实例"给照片添加柔美渐变色"来学习一下渐变工具的使用。

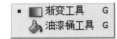

图 3–25　色彩填充工具

◆ Step 01：打开素材"渐变工具 .jpg"，新建一个图层，选择"渐变工具" ，在属性栏中，单击渐变样本右边的下拉菜单，从弹出面板中选择"透明彩虹渐变"，渐变方式为"线性渐变"，如图 3-26 所示。

渐变样本   渐变方式

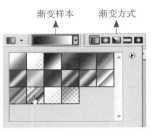

图 3-26　选择渐变样本和方式

◆ Step 02：在图层 1 上单击左上角确定"渐变起点"，拖动鼠标至右下角释放确定"渐变终点"，如图 3-27 所示，完成后效果如如图 3-28 所示。

◆ Step 03：更改图层 1 的混合模式为"柔光"，并将其不透明度改为 75%，得到的最终效果如图 3-29 所示。

起点

终点

图 3-27　添加渐变

图 3-28　添加渐变后效果

图 3-29　渐变最终效果

"渐变工具"除了可以美化照片外，还常用来绘制一些立体图形和水晶按钮，如图 3-30 和图 3-31 所示。立体图形的绘制方法即先建立选区，然后选择合适的渐变方式，给选区填充合适的渐变颜色。水晶按钮的绘制方法与下一节——"画笔工具"应用实例"蝶舞"中的水晶球绘制方法一致。

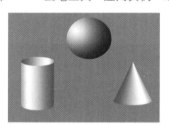

图 3-30　渐变_立体图形

图 3-31　渐变_水晶按钮

当然，要绘制这些图形，只利用渐变预设中的样本是不够的，用户还需要自定义渐变。利用"渐变编辑器"对话框，如图 3-32 所示，可通过修改现有渐变的色标来定义新渐变。此外，还可以向渐变添加中间色，在两种以上的颜色间创建混合。

单击色标（包括不透明度色标），色标上方的三角形将变黑，表示选中了该色标。这时，就可以对色标进行编辑，从而更改或删除某一颜色或不透明度。拖动色标，可以调整渐变起点和终点。当指针变成小手时，单击渐变条，可以添加新的色标。

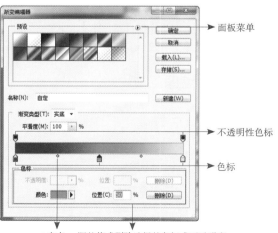

面板菜单

不透明性色标

色标

中点　调整值或删除选择的色标或不透明度

图 3-32　渐变编辑器

2. 画笔工具和铅笔工具

画笔工具和铅笔工具可在图像上绘制当前的前景色。

画笔工具创建颜色的柔描边，一般用来上色或者涂抹；铅笔工具创建硬边直线，其用途是为了构图、勾线框，类似现实中用铅笔作素描。两者的属性栏及笔刷的设置是相类似的，这里以画笔为例，介绍如何设置笔刷。

面由线构成，线又是由点构成，在 Photoshop 中，点不仅仅可以是圆点，还可以是树叶、星星等其他任意形状，甚至可以是图案。因此，在利用画笔工具绘制图形之前，我们首先在画笔预设面板中选择点，还可以在画笔面板中修改点的大小等选项。

选择画笔工具 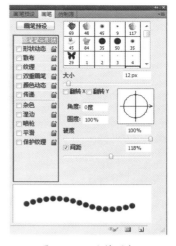，单击属性栏中的 ◪ 按钮，可以显示画笔面板，如图 3-33 所示。下面介绍面板中笔刷各选项的含义。

（1）大小

笔刷的大小是指点直径的大小，通过拖动画笔面板中"大小"下的滑块可以改变笔刷即点的大小。以绘制直线为例，大小设置成 60px 绘制的线比大小设置成 30px 的要粗。

图 3-33　画笔面板

（2）硬度

硬度越大，画笔的边缘越清晰；硬度越小，边缘越柔和。如图 3-34 所示，是大小为 32px，不同硬度的尖角笔刷所绘制的直线。

（3）间距

间距是指点与点之间的距离。比如，选择名为"尖角 16"的笔刷（鼠标移至笔刷上面，会出现该笔刷名称的提示），分别在间距为 25%、100%、200% 的情况下绘制直线，得到的直线如图 3-35 所示。

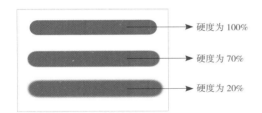

硬度为 100%
硬度为 70%
硬度为 20%

图 3-34　同一大小，不同
硬度笔刷绘制的线

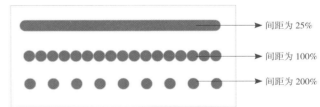

间距为 25%
间距为 100%
间距为 200%

图 3-35　同一大小、不同间距
绘制的直线

（4）圆度和角度

圆度是一个百分比，代表椭圆长短直径的比例，100% 时是正圆，0% 时椭圆外形最扁平。

角度就是椭圆的倾斜角，当圆度为 100% 时角度就没意义了，因为正圆无论怎么倾斜也还是一个样子。

除了可以输入数值改变角度和圆度以外，也可以在示意图中拉动如图 3-36 所示的两个控制点来改变圆度，在示意图中任意单击并拖动即可改变角度。

图 3-36　改变笔刷的角
度和圆度

（5）形状动态

把名为"尖角 16"的笔刷间距设置为 200%，单击"动态形状"选项，将大小抖动设为 100%，控制选择关，最小直径、角度和圆度都选择 0%，在画布上绘制直线，就会看到如图 3-37 所示的效果。

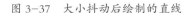

图 3-37　大小抖动后绘制的直线

所谓抖动就是随机，随机就是无规律的意思。大小抖动就是大小随机，表示笔刷的直径大小是无规律变化着的。因此我们看到的圆点有大有小，且没有变化规律。

圆度抖动就是随机地改变笔刷的圆度。同样的笔刷，在形状动态中设置大小抖动为 0%，圆度抖动为 100%，绘制的直线如图 3-38 所示。

图 3-38　圆度抖动后绘制的直线

所谓角度抖动就是让扁椭圆形笔刷在绘制过程中随机地改变角度，这样看起来笔刷会出现"歪歪扭扭"的样子。同样的笔刷，设置圆度为 50%，角度为 0，大小和圆度抖动都为 0%，角度抖动为 100%，绘制的直线如图 3-39 所示。

图 3-39　角度抖动后绘制的直线

（6）颜色动态

要想画笔绘制图形时颜色有所变换，可以将前景色和背景色设置成两种不同的颜色，单击"颜色动态"，并设置前景 / 背景色抖动，或者色相、饱和度、亮度等抖动为非零值。

图 3-40　设置颜色动态后绘制的直线

（7）散布

散布指笔刷的点不再局限于鼠标的轨迹上，而是随机出现在轨迹周围一定的范围内。例如，选择与前面同样的笔刷，设置间距为 150%，关闭动态形状、动态颜色及其他所有选项后，勾选散布选项，将散布设为 500%，然后在画布上绘制直线，将得到如图 3-41 所示的效果。

图 3-41　设置散布为 500% 绘制的直线

利用散布，选择合适的笔刷，再结合形状动态和颜色动态，可以绘制出很多不错的图像效果，比如璀璨的星空、飘落的落叶等。下面通过制作实例"蝶舞"来掌握画笔工具的使用。

◆ Step 01：打开 Photoshop CS5，新建一个 450 像素 ×400 像素、分辨率为 72 像素 / 英寸、背景色为白色的文件，并保存为"蝶舞 .psd"，将背景图层填充线性渐变，如图 3-42 所示。

※ 提示　Tips

渐变颜色可以自主选择，这里以蓝色为例。

◆ Step 02：新建一个图层，建立一个圆形选区，并填充径向渐变（白色—蓝色），如图 3-43 所示。
◆ Step 03：再新建一个图层，用椭圆选区工具绘制椭圆，并填充白色至透明线性渐变，适当调整其不透明度和位置，得到如图 3-44 所示的效果。

图 3-42　"蝶舞"背景

图 3-43　水晶球

图 3-44　水晶球发光点

◆ Step 04：分别选择圆和小椭圆所在图层，单击图层面板中的 **fx.** 按钮，选择"外发光"，给圆和小椭圆所在的图层添加"外发光"样式。设置图层样式面板中外发光样式的像素大小为 85px，这样，水晶球就绘制完毕，完成后效果如图 3-45 所示。
◆ Step 05：打开素材"蝴蝶 .jpg"，利用第 2 章中建立和编辑选区的方法抠取蝴蝶，如图 3-46 所示，然后将抠取的蝴蝶复制到"蝶舞 .psd"中，并更改其所在图层的图层混合模式为"柔光"，完成后效果如图 3-47 所示。

图 3-45　添加外发光样式后的效果

图 3-46　抠取蝴蝶

图 3-47　改变"蝴蝶"图层混合模式效果

◆ Step 06：利用画笔绘制"星群"。画笔笔刷名称为"星爆 - 小"（如果画笔预设里没有这种笔刷，请单击如图 3-48 所示的三角按钮，追加"混合画笔"笔刷）。设置间距、形状动态和散布后，设置前景色为白色，新建图层，绘制星群，如图 3-49 所示。

图 3-48　画笔预设

图 3-49　"蝶舞"最终效果

画笔的笔刷，除了可以从画笔预设中选择外，还可以将现有的图像自定义成画笔。下面通过实例"给树枝添加叶子"来讲述如何自定义画笔。

- ◆ Step 01：打开素材"自定义画笔_树叶.jpg"，利用魔棒工具选取其白色背景部分，然后再执行"选择"→"反向"命令，选取树叶部分，如图 3-50 所示。
- ◆ Step 02：执行"编辑"→"定义画笔预设"命令，在弹出的对话框中，更改画笔名称为"树叶"后，单击"确定"按钮。
- ◆ Step 03：打开素材"自定义画笔_树枝.jpg"。设置前景色为绿色（R:0，G:255，B:0），背景色为浅黄绿色（R:128，G:194，B:105），选择画笔工具，展开"画笔预设面板"，可以在面板最后看到自定义的"树叶"笔刷，如图 3-51 所示，选择该笔刷。

图 3-50　选取树叶

- ◆ Step 04：打开画笔面板，设置画笔大小为 100px，间距为 200%，勾选形状动态，大小抖动为 40%；勾选散布，设置散布为 400%，数量为 4；勾选颜色动态，设置前景/背景抖动为 100%，其他抖动为 0。然后在树枝需要添加叶子的地方单击或者拖动。添加树叶的过程中可按【[】或者【]】实时更改调整大小，得到最终效果如图 3-52 所示。

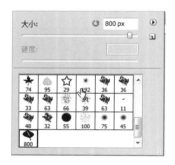

图 3-51　画笔预设面板

图 3-52　自定义画笔最终效果

3. 颜色替换工具

颜色替换工具是画笔工具下面的一个特殊工具，利用它用户可以替换掉不想要的颜色。

- ◆ Step 01：打开素材"颜色替换工具.jpg"，将前景色设置成需要的颜色。复制背景图层，右键单击"画笔工具"，在弹出的工具组中选择"颜色替换工具"；如图 3-53 所示；在属性栏中设置好画笔笔刷大小为 13px，硬度为 40%；然后，在要替换颜色的花朵上进行涂抹，如图 3-54 所示。
- ◆ Step 02：涂抹完一朵花后，重新设置前景色，在另外的花朵上进行涂抹，完成后效果如图 3-55 所示。

图 3-53　选择"颜色替换工具"

图 3-54　涂抹花朵

图 3-55　颜色替换后效果

3.3.2 修图工具

1. 橡皮擦工具

橡皮擦工具会更改图像中的像素，如果直接在背景上使用，就相当于使用画笔以背景色在背景上作画。橡皮擦工具组中包含有 3 个工具，分别为"橡皮擦"工具、"背景橡皮擦"工具和"魔术橡皮擦"工具。

（1）橡皮擦工具

橡皮擦工具可将像素更改为背景色或透明。如果用户正在背景中或已锁定透明度的图层中工作，像素将更改为背景色，否则，像素将被抹成透明。橡皮擦工具的使用步骤如下：

◆ Step 01：打开素材"橡皮擦工具.jpg"，如图 3-56 所示。
◆ Step 02：在工具箱中选择"橡皮擦工具" 。在属性栏中，选择模式为"画笔"，然后设置画笔大小为 150px，如图 3-57 所示。

> ☀ 提示 Tips
>
> "画笔"和"铅笔"模式可将橡皮擦设置为像画笔和铅笔工具一样的工作。"块"是指具有硬边缘和固定大小的方形，并且不提供用于更改不透明度或流量的选项。

◆ Step 03：设置背景色为白色（R:255，G:255，B:255），在要擦除的地方进行涂抹，完成后效果如图 3-58 所示。

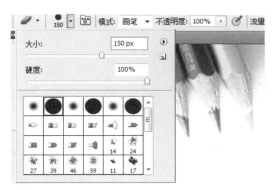

图 3-56　橡皮擦工具素材　　　　　　图 3-57　设置画笔　　　　　　图 3-58　橡皮擦工具完成后效果

（2）背景橡皮擦工具

背景橡皮擦是一种可以擦除指定颜色的擦除器，这个指定颜色称为"标本色"，表示背景色。使用背景橡皮擦工具可以进行选择性的擦除，其工具的属性栏如图 3-59 所示。

图 3-59　"背景橡皮擦工具"属性栏

◆ Step 01：打开素材"背景橡皮擦工具.jpg"，选择吸管工具，单击手的边缘，用吸管工具吸取手边缘的颜色作为前景色，如图 3-60 所示。
◆ Step 02：右键单击"橡皮擦工具"，在弹出的工具组中选择"背景橡皮擦工具"，如图 3-61 所示。
◆ Step 03：在属性栏中设置画笔大小为 7px，选择取样模式为"一次取样" 📷，容差为 30%，勾选"保护前景色"，放大图像为 200%，沿着手的附近涂抹，如图 3-62 所示。
◆ Step 04：在涂抹手边缘的同时，如需要重新取样，可松开鼠标，重新用吸管工具吸取就近手的边缘，设为保护色后继续涂抹，直至得到的效果如图 3-63 所示。

图 3-60　吸取手的边缘颜色

图 3-61　选择工具

图 3-62　涂抹手的边缘

> **提示 Tips**
>
> 　　① 使用背景橡皮擦工具时，光标中间有一个 "+" 的光标，当 "+" 光标位置在要擦除的位置上的时候，才能擦出比较好的效果。"+" 光标就是取样的定位点，当取样的定位点确定取样的颜色后，该颜色容差相近的颜色都会被擦除。
> 　　② 取样的方式包括 "一次" "连续" "背景色板"：
> 　　一次：　"+" 光标中心按下鼠标对颜色取样，此时不松开鼠标键，容易对该取样的颜色进行擦除，不用担心 "+" 中心会跑到画面的其他地方去。要对其他颜色取样只要松开鼠标，再按下鼠标重复操作即可。
> 　　连续：　"+" 光标中心不断地移动，也将对取样点进行不断地更改，此时擦除的效果比较连续。
> 　　背景色板：　"+" 光标此时没有作用，背景橡皮擦工具只对背景色及容差相近的颜色进行擦除。

◆ Step 05：将取样模式设置为 "连续取样"，并将画笔大小设置得大一点，涂抹图像中除双手以外的部分，完成后效果如图 3-64 所示。

图 3-63　擦除手附近的像素

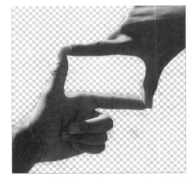

图 3-64　背景橡皮擦工具完成后的效果

（3）魔术橡皮擦工具

用魔术橡皮擦工具在图层中单击时，该工具会将所有相似的像素更改为透明；如果在已锁定透明度的图层中工作，这些像素将更改为背景色；如果单击背景，则将背景图层转换为普通图层并将所有相似的像素更改为透明。与橡皮擦工具不同的是，该工具可以根据属性栏中设置的容差值，将与单击点颜色相似的像素擦除。

◆ Step 01：打开素材 "魔术棒橡皮擦工具 .jpg"，右键单击 "橡皮擦工具"，在弹出的工具组中选择 "魔术橡皮擦工具"，如图 3-65 所示。

◆ Step 02：在属性栏中设置容差值为 25，连续单击灰色背景的不同部分，完成后效果如图 3-66 所示。

2. 仿制图章工具

仿制图章工具可以从图像中复制信息，然后应用到其他区域或者其他图像中，该工具常用于去除图像中的缺陷或者复制对象。

◆ Step 01：打开素材 "仿制图章工具 .jpg"，将背景图层复制一层，如图 3-67 所示。

图 3-65 选择"魔术棒橡皮擦工具"

图 3-66 魔术棒橡皮擦工具完成后效果

图 3-67 复制图层

◆ Step 02：用多边形套索工具勾出地面部分，建立选区，如图 3-68 所示。

建立选区是为了防止路面样本影响到树木部分。同样，去除后面站牌时，由于站牌紧贴人物，没有选区约束的话很容易影响到人物。

◆ Step 03：在工具箱中选择"仿制图章工具" 🖌，设置画笔笔刷大小为 10px，硬度为 0，属性栏中不透明度、流量的设置都选择 100%。按住【Alt】键，指针变成 ✛，单击底部马路位置取样，如图 3-69 所示。松开【Alt】键后再在选区内由右侧往左侧单击或涂抹，笔刷的大小可以按需调整，完成后如图 3-70 所示。

图 3-68 建立地面部分选区　　　图 3-69 取样　　　图 3-70 去除地面柱子部分

◆ Step 04：取消选区，重复 Step02 ~ Step04，逐步除去图像中的柱子和站牌，需注意，为了修复效果更好，要不断更改取样，或者灵活地在属性栏中勾选或不勾选"对齐"，最终效果如图 3-71 所示。

图 3-71　仿制图章工具完成效果

3. 修复和修补工具

（1）污点修复画笔工具

污点修复画笔工具可以快速移除照片中的污点和其他不理想的部分，它使用图像和图案中的样本像素进行修复，并将样本像素的纹理、光照、透明度与所修复的像素相匹配。与仿制图章和修复画笔工具不同的是，污点修复画笔工具不要求用户指定样本点，而是将自动从所修饰区域的周围取样。下面详解一下该工具的使用。

◆ Step 01：打开素材"修复 _ 小女孩 .jpg"，如图 3-72 所示。

◆ Step 02：复制背景图层，在工具箱中单击"污点修复画笔工具"按钮 ，在工作区中对想要移去的部分进行涂抹或单击，如图 3-73 所示，释放鼠标后，系统会自动进行修复。继续涂抹女孩脸部有雀斑的部位，在必要时调整画笔大小，完成后效果如图 3-74 所示。

图 3-72　修复素材

图 3-73　涂抹要移除的部分

图 3-74　修复后的效果

（2）修复画笔工具

修复画笔工具可用于校正瑕疵，使它们消失在周围的图像环境中。与仿制图章工具类似，使用该工具可以利用图像或图案中的样本像素来绘画。但是，修复画笔工具可将样本像素的纹理、光照、透明度和阴影等与源像素进行匹配，从而使修复后的像素不留痕迹地融入图像的其余部分。

◆ Step 01：打开素材"修复画笔工具 .jpg"，复制背景图层，如图 3-75 所示。

图 3-75　复制图层

◆ Step 02：放大图像。右键单击"污点修复画笔工具"，在弹出的工具组中选择"修复画笔工具"，如图 3-76 所示。

◆ Step 03：在属性栏中，选择合适的画笔大小 10px，硬度为 80%，按住【Alt】键，指针变成 ，在皱纹附近平滑皮肤处单击取样，如图 3-77 所示，松开【Alt】键，按住鼠标左键，在皱纹处涂抹。

图 3-76　选择"修复画笔工具"

◆ Step 04：不断地重复取样，并重复涂抹操作，直至所有皱纹去除，完成后效果如图 3-78 所示。

◆ Step 05：降低背景副本图层的透明度至 50%，避免将皱纹完全去除后带来的图像失真感，呈现出仅仅是减轻皱纹的效果。

图 3-77　取样

图 3-78　去除皱纹后效果

图 3-79　完成效果

（3）修补工具

修补工具是对修复画笔工具的一种补充。修复画笔工具使用画笔来进行图像的修复，修补工具则是通过选区来进行图像修复的。同修复画笔工具一样，修补工具会将样本像素的纹理、光照和阴影等与源像素进行匹配，还可以用修补工具来仿制图像的隔离区域。

◆ Step 01：打开素材"修复 _ 小女孩 .jpg"，复制背景图层。右键单击工具箱中的"污点修复画笔工具"按钮，在弹出的列表中选择"修补"工具 ，如图 3-80 所示。

◆ Step 02：在素材图片中对污点部分建立选区，如图 3-81 所示，然后移动选区，在合适的位置（无污点的可以覆盖选中部分的位置）释放鼠标，如图 3-82 所示。按【Ctrl】+【D】组合键取消选择即可。

图 3-80　选择修补工具　　　　图 3-81　圈选选区　　　　图 3-82　移动选区至源点

※ 提示 Tips

修补工具虽然简单，但在应用过程中，有几点注意事项：
① 在修补污点的时候，要尽量划出和污点差不多大小的范围，太大容易丢失细节，太小又容易修得很花。
② 在选择覆盖所圈选污点范围的像素时，尽量选择和选区里颜色相近的像素，太深容易有痕迹，太浅容易形成局部亮点，尽量在离要遮盖污点不远的地方选择。
③ 圈选选区的时候，尽量不要把明暗对比强烈的像素圈进一个大选区，如果无法避免，要细致一点，分开修饰，如果遇到明暗交界线上的污点，尽量寻找同处明暗交界处的像素把它覆盖，否则容易丢失光感。

（4）红眼工具

红眼工具可移除闪光灯拍摄的人物照片中的红眼，也可以移除闪光灯拍摄的动物照片中的白色或绿色反光。

◆ Step 01：打开素材"红眼工具 .jpg"，如图 3-83 所示。

◆ Step 02：右键单击"污点修复画笔工具"，在弹出的工具组中选择"红眼工具" ，在图像中单击人物的眼睛，系统将自动修复素材中人物的红眼，完成后效果如图 3-84 所示。

图 3-83　红眼工具素材　　　　图 3-84　去除红眼效果

（5）模糊工具

模糊工具可以柔化图像中突出的色彩和较硬的边缘，使图像中的色彩过渡平滑，从而达到模糊图像的效果。模糊工具一般用于图像局部的处理，利用它可以制作景深效果的图片。

◆ Step 01：打开素材"模糊工具 .jpg"，如图 3-85 所示。

◆ Step 02：复制背景图层，选择"模糊工具" ，在其属性栏中设置画笔大小为 30px，硬度为 40%，模糊的强度为 100%，将鼠标光标移至图像上除戴眼镜的人以外的地方，单击并拖动，完成后效果如图 3-86 所示。背景被模糊虚化后，主体更突出，画面显得更整洁。

| 图 3-85　模糊前 | 图 3-86　模糊后 |

（6）锐化工具

锐化工具可以看成是和模糊工具相反操作功能的工具，它可以增加相邻像素的对比度，将模糊的边缘锐化，使图像聚焦、增加清晰度。

◆ Step 01：打开素材"锐化工具 .jpg"。复制背景图层，右键单击"模糊工具"，在弹出的工具组中选择"锐化工具"，如图 3-87 所示。

◆ Step 02：在属性栏中设置画笔大小为 50px。将鼠标光标移至图像上要变清晰的地方，单击或涂抹，在涂抹的过程中，可以适当调整画笔大小。完成后的效果如图 3-88 所示。

| 图 3-87　选择"锐化工具" | 图 3-88　锐化后 |

如果锐化工具用得过多，往往会使图像走样，看起来不真实，所以锐化工具并不是处理图像最好的工具，用得也不多。

提示 Tips

锐化工具并不能使图像完全还原到清晰的程度，更不能将模糊工具和锐化工具当作互补工具来使用。什么叫互补呢？比如模糊太多了，就锐化一些，这种操作是不可取的，不仅不能达到所想要的效果，反而会加倍地破坏图像。

（7）涂抹工具

涂抹工具是模拟画面还没有干的情况下，使用手指在画面上进行涂抹时的效果。好比图像刚刚用颜料制作完毕，还没有晾干，然后用手指将颜料拖曳到需要的位置处。

其属性栏中的选项与模糊工具相同，唯一不同的是"手指绘画"复选框，选中此复选框，可用前景色在图像中进行涂抹；不选中此复选框，则只对拖动图像处的色彩进行涂抹。

◆ Step 01：打开素材"涂抹工具 .jpg"，复制背景图层。

◆ Step 02：在工具箱中的"模糊工具"按钮上单击右键，在弹出的列表中选择"涂抹工具"，如图 3-89 所示。

◆ Step 03：在工具属性栏中设置合适的画笔大小，强度为 20，在人物图像的嘴唇上涂抹使嘴唇变得光滑，
完成后的效果如图 3-90 所示。

图 3-89　选择"涂抹工具"　　　　　　　　　　　图 3-90　涂抹后效果

（8）减淡和加深工具

减淡和加深工具是用于修饰图像的工具，它们基于调节照片特定区域曝光度的传统摄影技术，来改变图像
的曝光度，使图像变暗或者变亮。通过选择减淡或加深工具属性栏的范围（包括"阴影""中间调""高光"三项），
可以对不同色调区域进行曝光度的调节。

图 3-91　减淡工具属性栏

◆ Step 01：打开素材"减淡加深工具 .jpg"，如图 3-92 所示。

◆ Step 02：复制背景图层,选择"减淡工具"，在属性栏中设置画笔大小为 30px，硬度为 0%，范围为高光，
曝光度为 40%，再在图像的花朵部分涂抹，效果如图 3-93 所示，可以看到花朵变亮了。

◆ Step 03：单击右键"减淡工具"，在弹出的工具组中选择"加深工具"，在属性栏中设置画笔
大小为 10px，硬度为 0%，范围为阴影，曝光度为 50%，再在图像人物的嘴唇部分涂抹，可
以看到人物嘴唇的颜色更深了，效果如图 3-94 所示。

图 3-92　加深减淡工具素材　　　　图 3-93　花朵减淡后　　　　图 3-94　嘴唇加深后

3.3.3　图像色彩调节命令

色彩调节命令用于矫正图像的颜色，一是可以调整偏色、曝光不足等问题颜色，二是可以把图像调整成特
殊效果的目标颜色。

1. 颜色模式、通道和色彩调节命令的关系

颜色模式有 RGB、CMYK 等，详见第 1 章。打开"色彩命令和通道 .jpg"，执行"图像"→"模式"命令，可以看出，这张图像的颜色模式是 RGB 模式。

打开通道面板（详见第 5 章通道的操作），如图 3-95 所示，可以看到 RGB 图像的每种颜色（红色、绿色和蓝色）都有一个通道，并且还有一个用于编辑图像的复合通道。一个颜色通道就相当于一盏该颜色的可调光台灯，通道就相当于调光的按钮。

在 RGB 模式下的颜色通道中，白色表示图像这一部分该颜色存在，黑色表示该颜色缺失。例如，新建背景色是白色的图像文件，可以看到通道面板中三个颜色通道都是白色；选择蓝色通道，填充为黑色，可以看到图像变成了黄色，这是因为蓝色缺失，红色和绿色混合得到黄色。因此，从通道面板中的缩略图可以看出，打开的图像"色彩命令和通道 .jpg"，红色通道白色部分最多，绿色通道黑色部分最多，因此该图像含有红色信息最多，绿色信息最少。

在 CMYK 模式则恰恰相反，黑色表示图像这一部分该颜色存在，白色表示该颜色缺失。如图 3-96 所示，将图像转化成 CMYK 模式后，从通道面板中可以看出，该图像洋红色通道黑色部分最多，黑色通道白色部分最多，因此该图像含有洋红色信息最多，黑色信息最少。

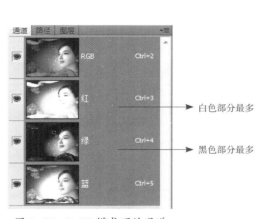

图 3-95　RGB 模式下的通道

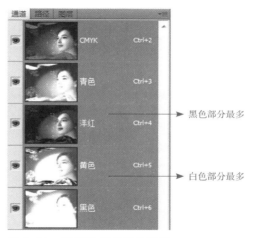

图 3-96　CMYK 模式下的通道

> ☀ **提示 Tips**
>
> CMYK 模式多了一个黑色通道，是因为 CMYK 模式下三种基本颜色混合后不能得到纯黑色。

那么色彩调节命令与通道又有什么关系呢？

以调整色阶命令为例。在 RGB 模式下，打开"图像"→"调整"→"色阶"，在弹出的对话框中，"通道"选择红色通道，如图 3-97 所示。

往左拖动直方图中间的滑块，红色通道缩略图变白、红色信息增加、图像偏红，如图 3-98 所示；往右拖动，红色通道缩略图变黑、红色信息减少、图像偏青，如图 3-99 所示。

2. 认识直方图

如图 3-100 所示，是上一节中"色彩命令和通道 .jpg"图像的直方图。直方图水平 X 轴方向代表绝对亮度范围，为 0 ~ 255。从左到右可以划分成三个色调区域，依次是 0~85 为暗部、86~170 为中间调、171~255 为高光区；竖直 Y 轴方向代表像素的数量。

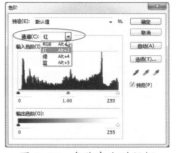

图 3-97　色阶命令对话框

图 3-98　红色通道信息增加

图 3-99　红色通道信息减少

3. 亮度 / 对比度

亮度 / 对比度命令可以粗略调整当前图层所有像素的亮度和对比度。

◆ Step 01：打开素材"亮度 - 对比度 .jpg"，从直方图可以看出图像亮度和对比度不足，如图 3-101 所示。

◆ Step 02：复制背景图层，选择"图像"→"调整"→"亮度 / 对比度"，在弹出的对话框中移动滑块来调整当前图层所有像素的亮度和对比度，同时观察直方图的变化。当亮度为 10、对比度为 80 时可以得到如图 3-102 所示效果，从直方图可看出图像的亮度和对比度都有所改善。

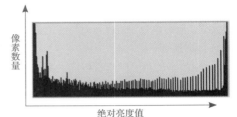

图 3-100　直方图

图 3-101　亮度 / 对比度原图

图 3-102　亮度 / 对比度结果图

4. 色阶

色阶命令可以通过调整图像阴影、中间调和高光的强度级别，校正图像的色调范围和色彩平衡。

（1）通过调整输入色阶，来调整偏亮照片。

◆ Step 01：打开素材"色阶 1.jpg"，如图 3-103 所示。

◆ Step 02：复制背景图层，执行"图像"→"调整"→"色阶"命令，在弹出的对话框中，可以看到如图 3-104 所示的对话框。从输入色阶直方图中可以看到，该图像缺少暗部色调信息。因此，将输入色阶的暗部滑块向右移，直到下方的参数变为 100、1、255，单击"确定"按钮，这样就调整了图像的对比度，完成后效果如图 3-105 所示。

图 3-103　色阶 1

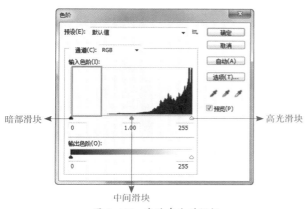

图 3-104　色阶命令对话框

暗部滑块

高光滑块

中间滑块

图 3-105　增加暗部色调效果

输入色阶的三个滑块向右移都可以使图像变暗，向左移都可以使图像变亮。不同的是，暗部滑块是控制图像的暗部色调范围，中间滑块控制中间色调范围，高光滑块控制高光范围。而输出色阶只有暗部和高光两个滑块，移动这两个滑块将会使整个图像区域变暗或变亮。

提示 Tips

按住【Alt】键，单击色阶对话框的"取消"按钮，可以复位图像。

（2）通过调整输入色阶，调整对比度不明显的照片。

◆ Step 01：打开素材"色阶 2.jpg"，如图 3-106 所示。

◆ Step 02：复制背景图层，执行"图像"→"调整"→"色阶"命令，从如图 3-107 所示的色阶直方图中，可以看到该图像缺少暗部和亮部色调信息。因此，将输入色阶的暗部滑块向右移，增加暗部范围，高光滑块向左移，增加亮部范围，直到下方的参数变为 70、1、180，单击"确定"按钮。完成后效果如图 3-108 所示。

图 3-106　色阶 2 素材

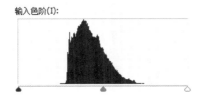

图 3-107　色阶 2 素材直方图

图 3-108　色阶 2 完成效果

（3）通过调整色阶，修复偏色照片。

◆ Step 01：打开素材"色阶 3.jpg"，如图 3-109 所示。

◆ Step 02：复制背景图层，执行"图像"→"调整"→"色阶"命令，可以看到如图 3-110 所示的对话框。图像整体偏红，说明其红色信息偏多，而且主要集中在中间色调区域。因此在色阶对话框中，通道选择"红"，将中间调滑块向右移动，使得通道面板中红色通道变黑，即表示红色信息减少，直到下方参数变为 0、0.10、255，单击"确定"。完成后效果如图 3-111 所示。

第1章
第2章
第3章
第4章
第5章
第6章
第7章
第8章
第9章

图 3-109　偏色照片

图 3-110　偏色照片色阶

图 3-111　偏色照片调整后效果

（4）黑场、灰场、白场

色阶命令对话框的"吸管工具"  ，从左至右依次是用于完成图像中黑场、灰场和白场的设定。使用设置黑场吸管时在图像中的某点颜色上单击，该点及比该点更黑的颜色都变为黑色，比该点更白的颜色亮度整体降低；使用设置白场吸管，完成的效果则正好与设置黑场吸管的作用相反；使用设置灰场吸管，可以完成图像中的灰度设置。

> **提示 Tips**
>
> 在设置黑场时，选择黑场吸管后，一般先找到图像中最黑的部位，然后单击比这个最黑的部分稍亮的部位作为黑场，从而降低图像的亮度。
>
> 在设置白场时，选择白场吸管后，一般先找到图像中最亮的部位，然后单击比这个最亮的部分稍暗的部位作为白场，从而增加图像的亮度。

5. 曲线

曲线像色阶一样，可以调整图片的亮度和色彩，但是比色阶更灵活，因为在曲线上可以设置节点，调整不同亮度级别的像素。

打开素材"曲线.jpg"，复制背景图层，执行"图像"→"调整"→"曲线"命令，如图 3-112 所示，在弹出的对话框中可以看出，坐标轴上的线呈对角直线，即各亮度级别像素的输入和输出值相等，这表示图像未做任何处理。

在曲线中间单击添加节点并拖至上方，得到一个上弦线，除两个极端点外，其他各点的输出值均高于输入值，即修改后亮度高于修改前，所以图像整体亮度加强了，如图 3-113 所示。

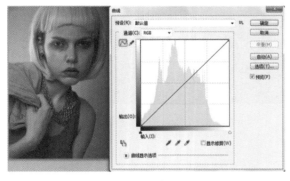
图 3-112　曲线 - 原图

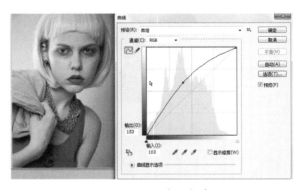
图 3-113　曲线 - 提亮

将中间节点拖至下方，得到一个下弦线，除两个极端点外，其他各点的输出值均低于输入值，即修改后亮度低于修改前，所以图像整体亮度降低了，如图 3-114 所示。

如果添加两个节点，并将暗部节点拖至下方，亮部节点拖至上方，得到一个 S 形曲线，使暗部输出值低于输入值，亮部输出值高于输入值，则图像暗部色调亮度降低，亮部色调亮度加强，从而可以加强图像的对比度，如图 3-115 所示。

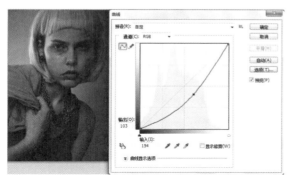

图 3-114　曲线 - 加暗

图 3-115　曲线 - 加强对比度

第1章
第2章
第3章
第4章
第5章
第6章
第7章
第8章
第9章

☀ 提示 Tips

　　曲线上各点的输入值可以理解成图像修改前的值，输出值理解成修改后的值。利用曲线去调整图像与色阶平均地对图像进行提亮或加暗不同，曲线各级色调像素点亮度的变化量都不一样。

　　在曲线的"预设"菜单中有一些已经设置好的曲线，可以快速地调整图像，如图 3-116 所示，正是选择"预设"菜单中的"反冲"曲线所得到的效果。

　　跟色阶一样，利用曲线单独对图像的某一通道进行调整，可以纠正偏色照片。

◆ Step 01：打开素材"曲线 - 偏色.jpg"，如图 3-117 所示，选择"图像"→"调整"→"曲线"，对各个通道进行调整，参数如图 3-119 所示，得到的效果如图 3-118 所示。

◆ Step 02：执行"选择"→"色彩范围"命令，容差设置为 200，然后用吸管工具单击图片中较亮的部分，提取高亮选区，按"确定"后建立选区，如图 3-120 所示。

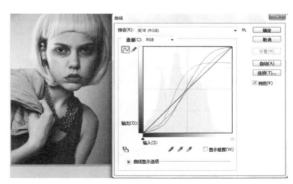

图 3-116　曲线 - 预设反冲效果

图 3-117　曲线偏色原图

图 3-118　曲线偏色 - 调整曲线后

◆ Step 03：执行"图像"→"调整"→"亮度 / 对比度"命令，增加亮度为 150，单击"确定"后取消选择，得到最终效果如图 3-121 所示。

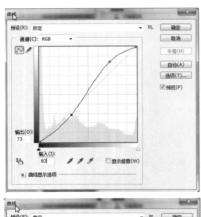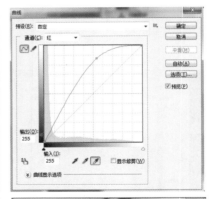

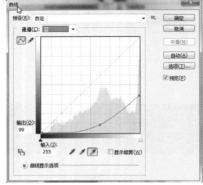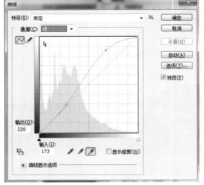

图 3–119　曲线偏色 – 曲线调整值

图 3–120　曲线偏色 – 色彩范围建立选区　　　　图 3–121　曲线偏色调整亮度

6. 曝光度

曝光度是用来控制图片色调强弱的命令，用来调节图片的光感强弱，数值越大图片会越亮。这与摄影中的曝光度有点类似，曝光时间越长，照片就会越亮。曝光度设置面板有三个选项可以调节："曝光度""位移""灰度系数校正"。

◆ Step 01：打开素材"曝光度 – 偏暗 .jpg"，如图 3–122 所示。

◆ Step 02：执行"图像"→"调整"→"曝光度"命令，调节曝光度，参数如图 3–123 所示，得到的效果如图 3–124 所示。

"位移"用来调节图片中灰度数值，也就是中间调的明暗。

"灰度系数校正"是用来减淡或加深图片灰色部分，特殊时也可以提亮灰暗区域，增强暗部的层次。

◆ Step 01：打开素材"曝光度 – 偏亮 .jpg"，如图 3–125 所示。

◆ Step 02：选择"图像"→"调整"→"曝光度"，调整位移，参数和效果如图 3–126 所示。调整灰度系数进行校正，参数和效果如图 3–127 所示。

图 3-122 曝光度 - 偏暗原图　　　　图 3-123 调整曝光度　　　　图 3-124 曝光度 - 偏暗调整后结果图

图 3-125 曝光度 - 偏亮原图　　　　　　图 3-126 曝光度 - 调整位移

图 3-127 曝光度 - 灰度系数校正

7. 色相 / 饱和度

色相饱和度命令可调整图像中单个颜色成分的色相、饱和度和明度。使用该命令时，要先选择需调整的像素，再用"色相""饱和度"和"明度"三个滑杆调整所选像素的显示。

◆ Step 01：打开素材"色相饱和度 .jpg"，复制背景图层，利用快速选择工具建立如图 3-128 所示的选区。

◆ Step 02：执行"图像"→"调整"→"色相 / 饱和度"命令，在弹出的对话框中单击 🔲 按钮，移动鼠标指针到花朵部分，单击鼠标，对话框中的"编辑"下拉列表将自动选择"黄色"。移动色相的滑块，花朵的颜色将随之变化，

图 3-128 建立选区

如图 3-129 所示，当色相参数为 -24 时，单击"确定"并按【Ctrl】+【D】组合键取消选区后，效果如图 3-130 所示。

65

图 3-129　"色相饱和度"对话框

图 3-130　完成后效果

8. 色彩平衡

色彩平衡可以让图像有一种色彩倾向。包相 / 饱和度的选项与色彩平衡的不同之处在于色相 / 饱和度是针对其中一种颜色进行调整，色彩平衡是针对整张图的阴影、中间调和高光部分来对图像进行色彩的调整。

◆ Step 01：打开素材"色彩平衡 .jpg"，如图 3-131 所示。

◆ Step 02：选择"图像"→"调整"→"色彩平衡"，色调平衡中勾选"中间调"，将滑块移动至蓝色，可以看出图像中间色调部分偏蓝，参数和效果如图 3-132 所示。

图 3-131　色彩平衡原图

图 3-132　中间调偏蓝

◆ Step 03：色调平衡中勾选"高光"，将滑块移动至红色，可以看出图像高光部分（主要是太阳光）偏红，参数和效果如图 3-133 所示。

图 3-133　高光部分偏红

9. 替换颜色

使用替换颜色命令可以创建蒙版，以选择图像中的特定颜色，然后替换那些颜色。可以设置选定区域的色相、饱和度和亮度，也可以使用"拾色器"对话框来选择替换颜色。由替换颜色命令创建的蒙版是临时性的。

◆ Step 01：打开素材"替换颜色.jpg"，如图 3-134 所示。复制背景图层，建立如图 3-135 所示的选区，执行"图像"→"调整"→"替换颜色"命令，弹出"替换颜色"对话框，选择默认的"吸管工具"，移动鼠标指针到衣服处，单击取样颜色，移动颜色容差滑块，调整蒙版选区，直到衣服全部显示白色，如图 3-136 所示。

图 3-134　替换颜色素材

图 3-135　建立选区

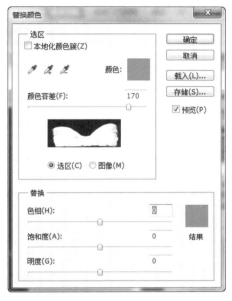

图 3-136　设置选区

❋ 提示 Tips

在图像上建立矩形选区，是为了缩小影响范围，从而只替换衣服的颜色。

◆ Step 02：单击"替换颜色"对话框上的结果色，弹出"选择目标色"对话框，移动鼠标指针至图片黄色区域，如图 3-137 所示；单击鼠标后，再单击"确定"按钮，则吸取该颜色为结果色，如图 3-138 所示；单击"颜色替换"面板的"确定"按钮，按【Ctrl】+【D】组合键取消选区。完成后效果如图 3-139 所示。

图 3-137　吸取目标颜色

图 3-138　设置替换颜色

◆ Step 03：用同样的方法，将浅绿色文字也替换成黄色，完成后效果如图 3-140 所示。

图 3-139　替换衣服颜色效果　　　　　　　　图 3-140　替换颜色完成效果

10. 去色

使用去色命令可以将彩色图像转换为灰度图像，但图像的颜色模式保持不变。

◆ Step 01：打开素材"去色 .jpg"，如图 3-141 所示。
◆ Step 02：复制背景图层，执行"图像"→"调整"→"去色"命令，完成后效果如图 3-142 所示。

图 3-141　去色素材　　　　　　　　图 3-142　去色完成效果

本章习题

一、选择题

1. 下面对裁切工具描述正确的是（　　）。

　　A. 裁切后的图像分辨率不会改变

　　B. 裁切时裁切框不可随意旋转

　　C. 裁切工具可将所选区域裁掉，而保留裁切框以外的区域

　　D. 要取消裁切操作可按【Ctrl】键

2. 如何使用图章工具在图象中取样（　　）。

　　A. 在取样的位置单击鼠标并拖拉

　　B. 按住【Shift】键的同时单击取样位置来选择多个取样像素

　　C. 按住【Alt】键的同时单击取样位置

    D. 按住【Ctrl】键的同时单击取样位置

3. 下面哪种工具选项可以将 Pattern（图案）填充到选区内（   ）。

    A. 画笔工具   B. 图案图章工具

    C. 橡皮图章工具   D. 喷枪工具

4. 当编辑图象时，使用减淡工具可以达到何种目的（   ）。

    A. 使图像中某些区域变暗   B. 删除图像中的某些像素

    C. 使图像中某些区域变亮   D. 使图像中某些区域的饱和度增加

5. 当图像偏蓝时，使用变化功能应当给图像增加何种颜色（   ）。

    A. 蓝色   B. 绿色   C. 黄色   D. 洋红

6. 下面对模糊工具功能的描述哪些是正确的（   ）。

    A. 模糊工具只能使图像的一部分边缘模糊

    B. 模糊工具的压力是不能调整的

    C. 模糊工具可降低相邻像素的对比度

    D. 如果在有图层的图像上使用模糊工具，只有所选中的图层才会起变化

7. 编辑图像时，使用加深工具是为了（   ）。

    A. 使图像中某些区域的饱和度增加

    B. 删除图像中的某些像素

    C. 使图像中某些区域变暗

    D. 使图像中某些区域变亮

8. 下面哪个工具的选项调板有"容差"的设定（   ）。

    A. 橡皮   B. 油漆桶   C. 画笔   D. 仿制图章

9. 在橡皮工具中，（   ）选项是不能调节橡皮的大小的。

    A. 块   B. 铅笔   C. 画笔   D. 喷枪

10. 下面关于"去色"命令的描述哪些是正确的（   ）。

    A. "去色"命令将彩色图像直接转换为 RGB 颜色模式

    B. "去色"命令将图像转换为灰度图像，图像颜色模式随之改变

    C. "去色"命令为 RGB 图像中的每个像素指定相等的红色、绿色和蓝色值

    D. "去色"命令将彩色图像直接转换为 CMYK 颜色模式

二、操作题

1. 打开素材文件"练习 1.psd"，制作如图 3-143 所示的图像。

图 3-143

2. 打开素材文件"练习 2.psd"，自定义画笔，制作如图 3-144 所示的图像。

3. 打开素材"练习 3.jpg"，修复图像的污迹和折痕，完成后效果如图 3-145 所示。

4. 打开素材"练习 4.jpg"，调整图像，制作黄昏效果，完成后效果如图 3-146 所示。

图 3-144

图 3-145

图 3-146

第 4 章
图层的创建和编辑

图层是 Photoshop 中最重要的概念之一，任何一幅 Photoshop 图像都是由一个个图层组成的。在编辑图像时，合理的使用图层可以大大提高绘图的灵活性。

4.1 图层的基本知识

要应用图层对图像进行编辑处理，首先要掌握图层的概念和"图层"面板的组成，下面就介绍这方面的内容。

4.1.1 图层概述

一幅完整的图像作品通常是由很多个元素组成的，在现实中，这些元素都绘制在同一张纸上。而在 Photoshop 中，这些元素可以被我们看作是分别绘制在多张完全透明的纸上，纸上有图像的地方是不透明的，没有图像的地方是透明的，然后将这些透明纸叠放在一起就形成了一幅完整的图像。形象地说，一张透明的纸就是一个图层，如图 4-1 所示。

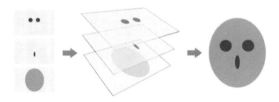

图 4-1　图层示意图

在 Photoshop 中绘制的图像，对其进行合并或组合之前，每一个图层都是相对独立的。对其中某一个图层的操作不会影响到其他图层。例如，可以单独对某个图层进行移动、复制和粘贴，可以使用填充图层、调整图层、图层蒙版和图层样式来美化图像，这些操作都不会影响到其他未被选择的图层。

4.1.2 图层面板

图层面板是 Photoshop CS5 中最重要的面板之一，通过它可以完成图层的创建、编辑与管理等绝大部分操作。在默认的状态下，图层面板是打开的。若工作界面中没有显示图层面板，可以执行"窗口"→"图层"命令或者按功能键【F7】将其打开。如图 4-2 所示。

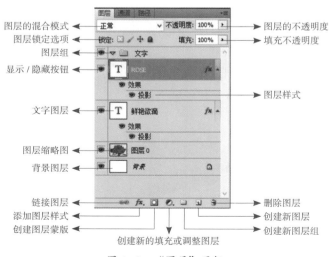

图 4-2　"图层"面板

图层面板各部分内容的含义：

（1）设置图层的混合模式 正常 ：在下拉列表框中选择当前图层图像与下方图层图像混合时的模式，Photoshop CS5 提供了 27 种混合模式。

（2）设置图层的不透明度 不透明度：100% ：用来设置当前图层的不透明度，100% 为完全不透明，0% 为完全透明。

（3）设置图层的填充不透明度 填充：100% ：用来设置填充时的色素不透明度，只对当前图层起作用。100% 为完全填充，0% 为没有填充。

（4）图层显示 / 隐藏按钮 ：当图层前有眼睛图标时，表示此图层处于可见状态，单击眼睛图标可将图层隐藏。

（5）图层锁定按钮 ：用于锁定图层的透明像素、图像像素和位置。锁定后的对象不能进行编辑。被锁定的图层会显示锁定的标志。

（6）链接图层按钮 ：用于链接当前选择的多个图层，被链接的图层会显示图层链接的标志，它们可以同时进行移动或变换的操作。

（7）添加图层样式按钮 fx. ：单击此按钮，可打开图层样式菜单为当前图层添加一个新的图层样式。

（8）添加图层蒙版按钮 ：单击此按钮，可为当前图层添加一个图层蒙版。

（9）创建新的填充或调整图层按钮 . ：单击此按钮，可为当前图层添加一个填充或者调整图层。

（10）创建新图层组按钮 ：单击此按钮，可以创建一个新的图层组。

（11）创建新图层按钮 ：单击此按钮，可在当前图层上添加一个新的图层。

（12）删除图层按钮 ：单击此按钮，可以删除当前选择的图层或图层组。

4.1.3 图层的种类

在 Photoshop 中打开不同格式的图像文件时，图层面板中会显示出多种不同形式的图层。根据各图层的不同特点，可以将图层分为"背景图层""普通图层""文本图层""形状图层""调整图层""填充图层""样式图层"和"蒙版图层"等几种类型，如图 4-3 所示。

（1）背景图层

背景图层是创建新图像时系统自动生成的一个图层，位于图像的最下部，其图层名称为"背景"。一幅图像中只有一个背景图层，它的右边有一个锁形图标 ，如图 4-3 所示。

（2）普通图层

普通图层是一个透明的图层，在图层面板上其缩览图显示为灰白相间的方格，它是 Photoshop 中最常见的图层，它的主要功能是存放和绘制图像，普通图层可以有不同的透明度。

根据设计的需要可将普通图层转换为背景图层或将背景图层转换为普通图层。

（3）填充图层

执行"图层"→"新建填充图层"命令或单击图层面板下方的"创建新填充或调整图层"按钮 . ，都可以在图层面板中创建新的填充图层，如图 4-3 所示。可以使用"纯色""渐变"或"图案"三种类型来填充图层，填充图层不会影响它们下面的图层。要改变填充图层在图像中的效果，可以通过修改图层的混合模式、不透明度或编辑填充图层的蒙版来实现。

（4）调整图层

选择"图层"→"新建调整图层"中的子菜单命令或单击"图层"面板下方的"创建新填充或调整图层"

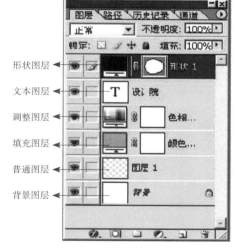

图 4-3　图层分类

按钮 ，都可以在图层面板中创建新的调整图层，如图 4-3 所示。调整图层主要用于对图像的颜色和色调进行调整。使用调整图层，可以将颜色和色调的调整作用于它下面的所有图层，颜色和色调调整存储在调整图层中，不会永久更改像素值。比如可以创建"亮度 / 对比度""色阶"或者"曲线"等调整图层，而不是直接在图像上调整亮度 / 对比度、色阶或者曲线，这样就给图像的多次调整提供了更好的机会。

（5）文本图层

文本图层是用来处理和编辑文本内容的图层，如图 4-3 所示。使用"文本工具" T 在图像上输入文字，系统会在图层面板中自动生成一个文本图层，其缩览图的图标为 T。默认情况下，系统会将图层中的文字内容作为图层的名称。

（6）形状图层

形状图层是由"形状工具" 或"钢笔工具" ，在确保按下了选项栏上"形状图层"按钮 后，在图像上绘制形成的图层，如图 4-3 所示。形状图层由定义形状颜色的填充图层和定义形状轮廓的链接矢量蒙版组成。双击左侧的填充图层可以调整颜色，而形状轮廓是路径，可通过"路径"面板调整形状的轮廓。

（7）蒙版图层

蒙版图层可以显示或隐藏图层的不同区域，通过编辑图层蒙版可灵活地将大量的特效运用到图层中，而原图层上的内容不被破坏。

4.2　图层的基本操作

在图像处理的过程中，我们要对图像进行新建、复制、移动、删除、链接、合并等一系列操作。这些操作可以通过"图层"面板来实现，也可以通过"图层"菜单中的命令来完成。

4.2.1　图层的新建

1. 新建普通图层

普通图层泛指那些不带蒙版或图层样式的图层。在 Photoshop 中创建普通图层的方法很多，可使用图层菜单命令、图层面板按钮、快捷键等方法创建，甚至粘贴一个素材对象都可以产生一个新图层。

（1）单击图层面板上的"创建新图层"按钮 ，可以在图层面板的当前图层之上创建一个新的普通图层，默认的图层名称为"图层 1"。

（2）选择菜单命令"图层"→"新建"→"图层"（或按【Shift】+【Ctrl】+【N】组合键）如图 4-4 所示，弹出"新建图层"对话框如图 4-5 所示。

图 4-4　"图层"→"新建"→"图层"命令

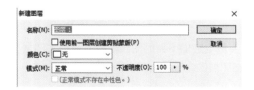

图 4-5　"新建"图层对话框

（3）单击图层面板右上角的按钮，从弹出的菜单中选择"新建图层"命令，如图 4-6 所示，弹出"新建图层"对话框，创建一个新的图层。

（4）用户还可以通过拷贝或剪切图像的方式，将选区内的图像拷贝或剪切到新的图层中，从而创建新的图层。

◆ Step 01：在 Photoshop 中打开素材"rose.jpg"，该图像只有一个背景图层，如图 4-7 所示。选择"魔棒工具" 🔍 在背景中单击，然后执行菜单命令"选择"→"反向"命令将花儿创建为选区，如图 4-8 所示。

图 4-7　图像中的背景图层

图 4-6　"图层"面板菜单　　　图 4-8　将图案创建为选区

◆ Step 02：执行菜单命令"图层"→"新建"→"通过拷贝的图层"或者按【Ctrl】+【J】组合键，即可将选区内的图像拷贝到新的图层中，而原背景图层中的图像不会发生改变，如图 4-9 所示。

◆ Step 03：按【Ctrl】+【Z】组合键，取消拷贝图像到新图层中的操作，然后执行菜单命令"图层"→"新建"→"通过剪切的图层"或者按【Ctrl】+【Shift】+【J】组合键，即可将选区内的图像剪切到新的图层中，而原背景图层中位于选区内的图像将被剪切，如图 4-10 所示。

图 4-9　通过拷贝的图层　　　　图 4-10　通过剪切的图层

2. 将背景图层转换为普通图层

由于不能对背景图层进行混合模式与不透明度的修改等操作，Photoshop 可以将背景图层转换为普通图层，下面介绍转换的方法。

◆ Step 01：在图层面板中双击背景图层或者执行"图层"→"新建"→"背景图层"命令，就可以打开"新建图层"对话框。此时对话框的默认名称是"图层 0"，且"使用前一图层创建剪贴蒙版"复选框不可以使用，如图 4-11 所示。

◆ Step 02：输入新的名称或者使用默认名称，单击"确定"按钮，就可以将背景图层转换成普通图层，如图 4-12 所示。

图 4-11　"新建图层"对话框　　　　图 4-12　将背景图层转换为普通图层的结果

3. 将普通图层转换为背景图层

当文件中不存在背景图层时，可以将普通图层转换成背景图层。

选中需要转换的普通图层，选择"图层"→"新建"→"图层背景"命令，普通图层就被转换成背景图层，同时图层中的透明区域被工具箱中的背景色填充，如图 4-13 和图 4-14 所示。

图 4-13　转换前　　　　　　　　　图 4-14　转换后

4. 新建填充图层和调整图层

填充图层和调整图层都会在图层面板上增加新图层，填充图层使用纯色、渐变色或图案填充图层，不会影响它下面的图像效果，调整图层可将颜色和色调应用于它下面的图层。填充图层和调整图层由两部分组成，编辑图层蒙版可控制填充或调整区域。

新建填充图层可通过以下任一步骤来完成：

（1）单击图层面板底部的"创建新的填充或调整图层"按钮，从弹出的子菜单中选择相应的命令。

（2）选择菜单栏"图层"→"新建填充图层"命令，从弹出的子菜单中选择一种图层类型。然后在"新建图层"对话框中命名图层，并设置图层的其他选项，最后单击"确定"按钮。

下面以渐变填充的例子介绍填充图层的创建方法。

◆ Step 01：打开素材"fly.psd"，如图 4-15 所示。单击图层面板下方的"创建新的填充或调整图层"的按钮，新建一个渐变填充图层。渐变色为"黄、紫、橙、蓝渐变"，其他为默认设置。

◆ Step 02：然后在图层面板上，将不透明度改为 60%，最终效果如图 4-16 所示。

图 4-15　素材图像

图 4-16　最终效果图

第1章
第2章
第3章
第4章
第5章
第6章
第7章
第8章
第9章

调整图层位于图层面板中，是将"色阶""曲线"等命令制作的效果存放在一个独立的层中，并使其下方所有图层都能应用到效果的一种调整方式。这种方式不仅可以同时作用于多个图层，而且还不会改变各个图层中图像的原有状态，当不需要某种效果时，只需删除该调整图层，大大提高了图像处理的灵活性。

下面以一个例子介绍调整图层的创建方法。

◆ Step 01：打开素材"调整图层 .psd"。发现该图片整体偏黄，进入通道面板，发现是蓝色出了问题。

◆ Step 02：回到图层面板，复制"背景"图层，然后选择"背景副本"图层，单击"创建新的填充或调整图层"按钮 ◑.，新建一个"通道混合器"调整图层。按照图 4-17、图 4-18、图 4-19所示来设置各个通道的选项，完成后效果如图 4-20 所示。

图 4-17　蓝通道的设置

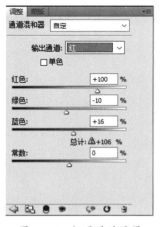

图 4-18　红通道的设置

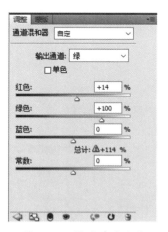

图 4-19　绿通道的设置

图 4-20　设置通道混合器调整图层后的效果

◆ Step 03：在设置完"通道混合器"的调整图层后，发现图像的颜色偏暗。此时按住【Ctrl】+【Alt】+【2】组合键选择图像的高光部分，然后再按【Ctrl】+【Shift】+【I】组合键反选。接下来单击图层面板底部的"创建新的填充或调整图层"，新建一个"曲线"调整图层，按图 4-21 所示来设置曲线的选项，最终效果如图 4-22 所示。

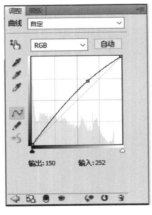

图 4-21　曲线选项的设置

图 4-22　最终效果图

4.2.2　图层的选择

在对图像进行处理前，需要选择要处理图像所在的图层。

1．一个图层的选择

在图层面板中，单击需要处理的图像所在的图层，即可将该图层选中，被选中的图层呈高亮反白显示。

2．多个图层的选择

要选择多个连续排列的图层，可在图层面板中先单击选中一个图层，然后按住键盘上的【Shift】键单击另一个图层，则位于这两个图层之间的所有图层都将被选中；要选择多个不连续的图层，可先选择一个图层，然后按住【Ctrl】键单击需要选择的图层。

4.2.3　图层的复制

在 Photoshop 中，不仅可以在同一个图像中复制图层，得到两个或者多个完全相同的图像，也可以将当前图像中的图层复制到其他图像中去。

1．在同一图像中复制图层

（1）在图层面板上选择需要复制的图层，将其拖到"创建新图层"按钮 ▣ 上，就可以复制出一个和原图层内容一样的图层，如图 4-23 所示。

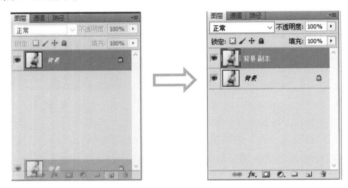

图 4-23　复制图层

（2）在图层面板上选择需要复制的图层，单击右键，在弹出的快捷菜单中选择"复制图层"，弹出"复制图层"对话框，在对话框中输入图层副本的名称，然后单击"确定"按钮即可复制图层，如图4-24所示。

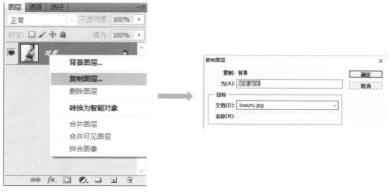

图4-24　"复制图层"对话框

（3）在图层面板上选择需要复制的图层，单击图层面板右上角的扩展菜单或者单击菜单栏上的图层菜单选择"复制图层"命令，在弹出的"复制图层"对话框中输入图层副本的名称，然后单击"确定"按钮即可复制图层。

2. 在不同的图像中复制图层

◆ Step 01：打开素材 beauty.jpg 和 flower.psd，如图4-25所示。

图4-25　打开素材文件

◆ Step 02：将文档切换到 flower.psd 文件，选择"移动工具" ，并选择图层1，然后将其移动到"beauty.jpg"中，如图4-26所示。

图4-26　复制到"beauty.jpg"文档中的图像

4.2.4 图层的删除

在图层面板中选择需要删除的图层，单击"图层"面板下方的"删除图层"按钮 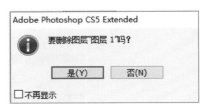 或者执行"图层"→"删除"→"图层"命令，Photoshop 将自动弹出如图 4-27 所示的对话框，单击"是"即可将选取的图层删除。此外将选中的图层拖移到"图层"面板下方的"删除图层"按钮 上，释放鼠标也可以将该图层删除。

图 4-27　"删除图层"提示对话框

4.2.5 图层的重命名

在对图像进行处理的过程中，有时需要对图层重命名，方法有：

（1）选中要重命名的图层，双击图层名称，当图层名称变为蓝色高亮显示时，可输入新名称为图层重命名，如图 4-28 所示。

（2）执行"图层"→"图层属性"命令或者单击图层面板右上角的扩展菜单，选择"图层属性"命令，在"图层属性"的对话框里输入新的图层名称，单击"确定"按钮，也可以为图层重命名，如图 4-29 所示。

图 4-28　重命名图层

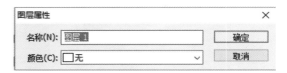

图 4-29　"图层属性"对话框

4.2.6 调整图层的叠放顺序

一幅图像通常是由多个图层组成的，而图层的叠放顺序会直接影响图像最终的显示效果。因此，为了达到最佳的设计效果，有时候需要调整图层的叠放顺序。

常用的调整图像叠放顺序的方法有两种，一是利用鼠标在图层面板中直接拖曳调整，二是利用菜单命令进行调整，下面将具体介绍这两种方法。

1. 利用鼠标拖曳调整图层顺序

打开素材文件夹中的"bg.psd"。选择文字图层，单击并向下拖曳图层，当图层间出现黑色线条时，释放鼠标调整图层的顺序，如图 4-30 所示。完成后观察调整图层顺序后的图像效果。

2. 利用菜单命令调整图层顺序

按下【Ctrl】+【Z】组合键撤销上一步的操作，仍然在"bg.psd"文件中选择文字图层，执行"图层"→"排列"→"后移一层"命令，将文字图层移到"图层 2"的下方，如图 4-31 所示。

图 4-30　拖曳图层调整图层顺序

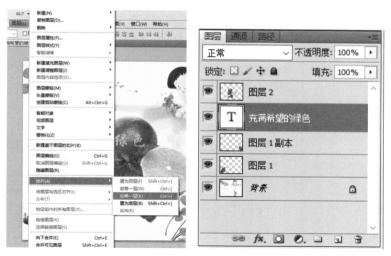

图 4-31　菜单命令调整图层顺序

4.2.7　图层的链接

如果要对多个图层同时进行移动、缩放和旋转等操作，可以将其链接起来形成一个图层整体再进行相关的操作。

◆ Step 01：打开素材文件夹中的"bg.psd"。执行"文字图层""图层 2""图层 1 副本"三个图层，单击图层面板上的"链接图层"按钮 ，当其右侧出现链接图标 时，表示这三个图层为链接图层，如图 4-32 所示。

◆ Step 02：使用"移动工具" ，选择这 3 个链接图层中的任一图层调整其位置，会发现其他两个链接图层也会随之发生相应的变化，如图 4-33 所示。

◆ Step 03：若要取消文字图层与其他图层的链接关系，可选中文字图层，单击图层面板上的"链接图层"按钮 ，即可取消该图层与其他图层的链接关系。如果需要取消所有图层的链接，可先选中所有的链接图层，再单击图层面板底部的"链接图层"按钮 或者执行菜单栏中的"图层"→"取消图层链接"命令，如图 4-34 所示。

图 4-32　链接图层

图 4-33　移动链接图层

图 4-34　取消图层链接

4.2.8　图层的显示或隐藏

默认的状态下，新建或者复制的图层都处于显示的状态，要隐藏图层，可在图层面板上直接单击需要隐藏的图层前"指示图层可见性"按钮，如图 4-35 所示。当图层被隐藏后，该图层中的所有内容都不会显示在图像窗口中，如图 4-36 所示。若要显示该图层中的所有内容，再次单击图层前的按钮　即可。

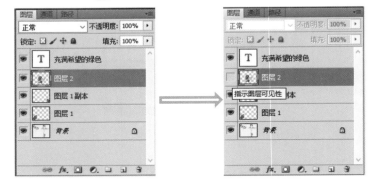

图 4-35　隐藏图层

图 4-36　隐藏图层后的效果

4.2.9　图层的锁定

在图层面板中，Photoshop 提供了完善的图层锁定功能。在处理图像的过程中，可以根据需要，锁定图像的透明像素、图像像素、图像的位置和整个图层。

◆ Step 01：打开素材文件夹中的"bg.psd"。按下【Alt】键的同时单击"图层 1"左侧的"指示图层可见性"按钮，将除"图层 1"以外的其他图层全部隐藏，如图 4-37 所示。

◆ Step 02：在"图层"面板中，单击"锁定透明像素"按钮，锁定该图层中的透明区域。然后按下【Alt】+【Delete】组合键，填充前景色黄色，会发现图层中透明区域外的部分被填充成了黄色，如图 4-38 所示。

◆ Step 03：在图层面板中单击"锁定图像像素"按钮，将锁定该图层中的所有像素。此时不能使用绘画工具对图层中的像素进行修改，若选择"画笔工具"在图像中涂抹，则会弹出如图 4-39 所示的警告对话框。

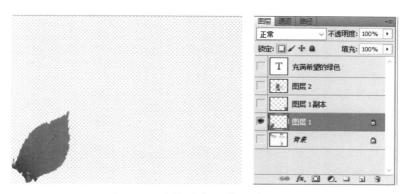

图 4-37　隐藏"图层 1"以外的图层

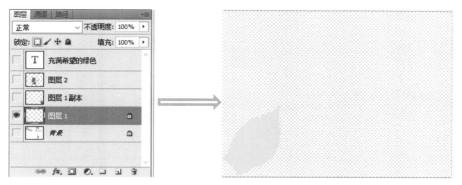

图 4-38　锁定透明像素后给图层填充颜色

◆ Step 04：在图层面板中单击"锁定位置"按钮 ⊕，并取消其他锁定状态，该图层中的像素将无法被移动，但不影响其他的编辑操作。如图 4-40 所示，在"锁定位置"后移动图像时会出现警告框。

图 4-39　锁定图像像素后的警告对话框

图 4-40　锁定位置后的警告框

　　此外，在图层面板中还有一个"锁定全部"按钮 ▩，单击该按钮后，将不能对当前图层中的图像进行任何编辑操作。

4.2.10　图层的对齐与分布

　　在图像处理的过程中，有时需要将不同图层上的图像按照不同的方式对齐与分布，从而使画面显得更加整洁有序。对齐与分布图层的操作，可以通过移动工具选项栏中的功能按钮来完成，也可以通过菜单命令来完成。

1. 图层的对齐

　　首先选择需要对齐的多个图层，选择"移动工具" ▶⊕，在工具选项栏中将提供 6 种对齐命令按钮，通过单击这些按钮，即可完成对选定图层的对齐操作，如图 4-41 所示。而通过选择菜单栏中的"图层"→"对齐"命令下的子菜单命令，也可以实现相同的操作，如图 4-42 所示。

图 4-41　对齐分布选项

（1）顶边：选择该命令，可使图层中的图像按顶边对齐。

（2）垂直居中：选择该命令，可使图层中的图像纵向居中对齐。

（3）底边：选择该命令，可使图层中的图像按底边对齐。

（4）左边：选择该命令，可使图层中的图像按左边对齐。

（5）水平居中：选择该命令，可使图层中的图像在水平方向居中对齐。

（6）右边：选择该命令，可使图层中的图像按右边对齐。

◆ Step 01：打开素材"Letter.psd"文件，如图 4-43 所示。选择图层"A"，按住【Shift】键同时单击图层"F"
同时选中"A"到"F"之间的所有图层，如图 4-44 所示。

图 4-42　对齐命令

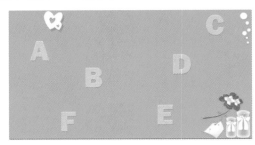

图 4-43　素材图像

◆ Step 02：执行"图层"→"对齐"→"垂直居中"命令，将选取的图层垂直居中对齐，如图 4-45 所示。

图 4-44　选择图层

图 4-45　垂直居中对齐

◆ Step 03：分别选择其他对齐命令，得到的对齐效果分别如图 4-46 所示。

顶边对齐

底边对齐

图 4-46　其他对齐命令

左边对齐

水平居中对齐

右边对齐

图 4-46　其他对齐命令（续）

2. 图层的分布

Photoshop 中的分布命令可使图层平均分布。首先选择 3 个或 3 个以上的图层，然后执行"图层"→"分布"命令，打开如图 4-47 所示的分布命令子菜单，在其中选择一种图层分布的方式，即可使选定的图层按指定的方式分布。在"移动工具"的选项栏中，也提供了 6 种分布方式的功能按钮，如图 4-47 所示。

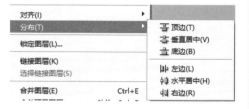

图 4-47　分布命令

（1）顶边：从每个图层的顶端像素开始，间隔均匀的分布图层。

（2）垂直居中：从每个图层的垂直中心像素开始，间隔均匀的分布图层。

（3）底边：从每个图层的底端像素开始，间隔均匀地分布图层。

（4）左边：从每个图层的左边像素开始，间隔均匀地分布图层。

（5）水平居中：从每个图层的水平中心开始，间隔均匀地分布图层。

（6）右边：从每个图层的右边像素开始，间隔均匀地分布图层。

4.2.11　图层的合并

当图像中的图层较多时，图像文件也会变得较大，对系统资源占用较多，影响计算机的运行速度。因此，当确认图层不需要再进行其他编辑处理时，可以将部分或全部图层合并为一个图层，以降低图像文件的大小，提高计算机的运行速度。

合并图层的方法如下：

◆ Step 01：打开素材"bg.psd"文件，选中"充满希望的绿色"文字图层，如图 4-48 所示。

◆ Step 02：执行"图层"→"向下合并"命令或者按【Ctrl】+【E】组合键，当前图层与下方"图层 2"合并为一个图层，图层名称会以下方"图层 2"命名，如图 4-49 所示。如果同时选中"充满希望

图 4-48　指定当前图层

的绿色"和"图层 2"两个图层，再按【Ctrl】+【E】组合键，同样可以合并选中的两个图层，但图层名称会以上方图层的名称命名，即"充满希望的绿色"，如图 4-50 所示。

◆ Step 03：按【Ctrl】+【Z】组合键撤销上一步操作。然后在图层面板中，单击"图层 2"前的"指示图层可见性"图标将该图层隐藏。再执行"图层"→"合并可见图层"命令或者按【Ctrl】+【Shift】+【E】组合键将当前文档中所有可见图层合并，如图 4-51 所示。

图 4-49　向下合并后的效果　　　　图 4-50　向下合并后的效果　　　　图 4-51　合并可见图层后的效果

◆ Step 04：再次按【Ctrl】+【Z】组合键撤销上一步操作。然后单击"图层 2"前的"指示图层可见性"图标，将该图层显示。执行"图层"→"拼合图像"命令，将文档中所有的图层合并，如图 4-52 所示。

另外，如果文件中存在被隐藏的图层，再选择"拼合图像"命令，则会弹出如图 4-53 所示的提示对话框，再单击"确定"按钮。完成上述操作后，系统会自动将隐藏的图层删除，而可视的图层将会合并为一个图层。

图 4-52　拼合图像后的效果

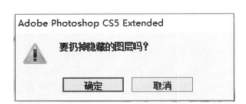

图 4-53　提示对话框

4.3　图层的编辑

4.3.1　将普通图层转换为智能对象图层

智能对象是包含栅格或矢量图像（如 Photoshop 或 Illustrator 文件）中图像数据的图层，在图层面板上创建的智能对象图层右下角，显示"智能对象"图标。智能对象相当于一个容器，创建智能对象就是将图层放在容器中。对容器所做的任何变形操作，都直接影响容器中的所有图层，如果更改智能对象图层中的内容，使用此智能对象复制的所有实例都会发生改变。在 Photoshop 中可以通过转换图层来创建智能对象，下面介绍转换的方法。

打开素材"joy.psd"文件。选中"图层 1",执行"图层"→"智能对象"→"转换为智能对象"命令,即可将普通图层转换为智能对象,如图 4-54 所示。

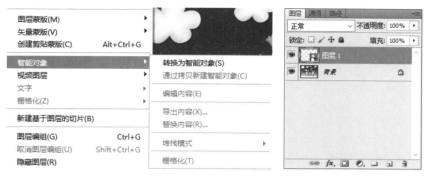

图 4-54 转换为智能对象

4.3.2 栅格化图层

在 Photoshop 中将文字图层、形状图层、调整图层和智能对象图层等转换为普通图层的过程称为栅格化。将这些类型的图层栅格化后,可以执行更多的操作,比如给图层添加滤镜的效果。

打开素材"mhxw.psd",选择文字图层,执行"图层"→"栅格化"→"文字"命令,即可将文字图层转换为普通图层,如图 4-55 所示。

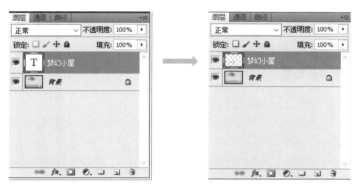

图 4-55 栅格化文字图层

☀ **提示 Tips**

将文字图层栅格化后,文字将不再具有矢量轮廓,且不可使用文字工具对其进行编辑。

此外,执行"图层"→"栅格化"的其他命令,还可以将形状图层、调整图层等转换为智能对象。由于操作方法相同,此处不一一赘述。

4.3.3 使用图层组管理图层

在设计作品时,通常要创建大量不同类型的图层,为了便于对图层的编辑与管理,可以将同种类型的图层编为一组。Photoshop CS5 允许在同一个图像文件中创建多个图层组,用来管理不同性质的图层,就像电脑中的文件夹。

图层编组首先要在"图层"面板上选择多个图层,然后选择菜单栏中的"图层"→"图层编组"命令或者按

【Ctrl】+【G】组合键，即可在图层面板上创建一个包含所选图层的图层组，如图4-56所示。默认的组名称为"组1"，可双击组名称，当组名称变为蓝色高亮显示时，输入新的组名即可为组重命名。

也可先创建新组，再将图层移动到组中。要创建新组可直接单击图层面板底部的"创建新组"按钮 ，然后将需要编组的图层拖到新组中，被拖移到组中的图层向右缩进。

对组的选择、复制、移动等操作与图层一样，详细的操作可参考图层的基本操作。

图4-56 创建图层组

4.4 图层的混合模式

4.4.1 混合模式的概念

图层的混合模式是指，叠加的图层中位于上层的图像像素与其下层的图像像素进行混合的方式。在两个叠加的图层上使用不同的混合模式，产生的最终效果也是不一样的。因此，可以使用不同的混合模式为图像创建奇特的效果。

在理解图层的混合模式时，首先要理解三个与颜色有关的概念即"基色""混合色"和"结果色"。基色是指图像中的原稿颜色，这里可以理解为相邻两个图层中位于下面的图层；混合色是指通过绘画或编辑工具应用的颜色，这里可以理解为相邻两个图层中位于上面的图层；结果色是指混合后得到的颜色，这里可以理解为相邻两个图层混合后得到的颜色。

4.4.2 混合模式的种类

在Photoshop CS5中，提供了22种图层的混合模式。

（1）"正常"模式：上图图层的内容覆盖下图图层的内容，是Photoshop默认的模式。在处理位图图像或索引颜色图像时，"正常"模式也称为"阈值"。

（2）"溶解"模式：根据像素位置的不透明度，结果色由基色或混合色的像素随机替换。选择此模式可创建点状效果，具体效果由设置的图层不透明度决定，图层的不透明度设置得越小，点状效果越明显，图层的不透明度设置为100%时，与"正常"模式的效果没有分别。

（3）"变暗"模式：查看每个通道的颜色信息，并选择基色或混合色中较暗的颜色作为结果色，比混合色亮的像素将被替换，而比混合色暗的像素将保持不变。选择此模式的结果是图像整体变暗。

（4）"正片叠底"模式：查看每个通道中的颜色信息，并将基色与混合色复合，结果色总是较暗的颜色。任何颜色与黑色复合产生黑色，任何颜色与白色复合产生白色。

（5）"颜色加深"模式：查看每个通道中的颜色信息，并通过增加对比度使基色变暗以反映混合色，与白色混合后不发生变化。

（6）"线性加深"模式：查看每个通道中的颜色信息，并通过减小亮度使基色变暗以反映混合色，与白色混合后不发生变化。

（7）"变亮"模式：查看每个通道中的颜色信息，并选择基色或混合色中较亮的颜色作为结果色。比混合色暗的像素被替换，比混合色亮的像素保持不变。此模式与"变暗"模式相反。

（8）"滤色"模式：选择此模式结果色总是较亮的颜色，用黑色过滤时颜色保持不变，用白色过滤时将产生白色。

（9）"颜色减淡"模式：查看每个通道中的颜色信息，并通过减少对比度使基色变亮以反映混合色，与黑色混合则不发生变化，此模式与"颜色加深"模式相反。

（10）"线性减淡"模式：查看每个通道中的颜色信息，并通过增加亮度使基色变亮以反映混合色，与黑色混合则不发生变化，此模式与"线性加深"模式相反。

（11）"叠加"模式：图案或颜色在现有像素上叠加，保留基色的暗调和高光。基色不被替换，与混合色相混以反映原图的亮度或暗度。

（12）"柔光"模式：使颜色变暗或变亮，具体取决于混合色，效果与发散的聚光灯照在图像上相似。如果混合色（光源）比 50% 灰色亮，则图像变亮，就像被减淡了一样；如果混合色（光源）比 50% 灰色暗，则图像变暗，就像被加深了一样。用纯黑色或纯白色绘画会产生明显较暗或较亮的区域，但不会产生纯黑色或纯白色。

（13）"强光"模式：复合或过滤颜色，具体取决于混合色，此效果与耀眼的聚光灯照在图像上类似。如果混合色（光源）比 50% 灰色亮，则图像变亮，就像过滤后的效果，这对于向图像添加高光非常有用；如果混合色（光源）比 50% 灰色暗，则图像变暗，就像复合后的效果，这对于向图像添加阴影非常有用。用纯黑色或纯白色绘画会产生纯黑色或纯白色。

（14）"亮光"模式：通过增加或减小对比度来加深或减淡颜色，具体取决于混合色。如果混合色（光源）比 50% 灰色亮，则通过减小对比度使图像变亮；如果混合色（光源）比 50% 灰色暗，则通过增加对比度使图像变暗。

（15）"线性光"模式：通过增加或减小亮度来加深或减淡颜色，具体取决于混合色。如果混合色（光源）比 50% 灰色亮，则通过增加亮度使图像变亮；如果混合色（光源）比 50% 灰色暗，则通过减小亮度使图像变暗。

（16）"点光"模式：根据混合色替换颜色。如果混合色（光源）比 50% 灰色亮，则替换比混合色暗的像素，而不改变比混合色亮的像素；如果混合色（光源）比 50% 灰色暗，则替换比混合色亮的像素，而比混合色暗的像素保持不变。这对于向图像添加特殊效果非常有用。

（17）"差值"模式：查看每个通道中的颜色信息，并从基色中减去混合色，或从混合色中减去基色，具体取决于哪一个颜色的亮度值更大。与白色混合将反转基色值，与黑色混合则不发生变化。

（18）"排除"模式：创建一种与"差值"模式相似但对比度更低的效果。与白色混合将反转基色值，与黑色混合则不发生变化。

（19）"色相"模式：用基色的亮度和饱和度以及混合色的色相创建结果色。

（20）"饱和度"模式：用基色的亮度和色相以及混合色的饱和度创建结果色。

（21）"颜色"模式：用下方图层的亮度以及上方图层的色相和饱和度创建结果色，这样可以保留图像中的灰阶，并且对于给单色图像上色和给彩色图像上色都会非常有用。

（22）"亮度"模式：用下方图层的色相和饱和度以及上方图层的亮度创建结果色，此模式创建与"颜色"模式相反的效果。

此外，图层组的默认混合模式是"穿透"，表示图层组没有自己的混合属性。为图层组选取混合模式时，会将组中的所有图层放在一起视为一幅单独的图像，然后利用所选混合模式与图像的其他部分混合；如果为图层组选取的混合模式不是"穿透"，则组中的调整图层或图层混合模式都将不会应用于组外部的图层。

4.4.3 设置图层的混合模式

设置图层混合模式的方法如下。

◆ Step 01：打开素材"mixed.psd"文件。选择"图层 1"，将其作为当前图层，然后打开图层混合模式的下拉列表框，如图 4-57 所示。

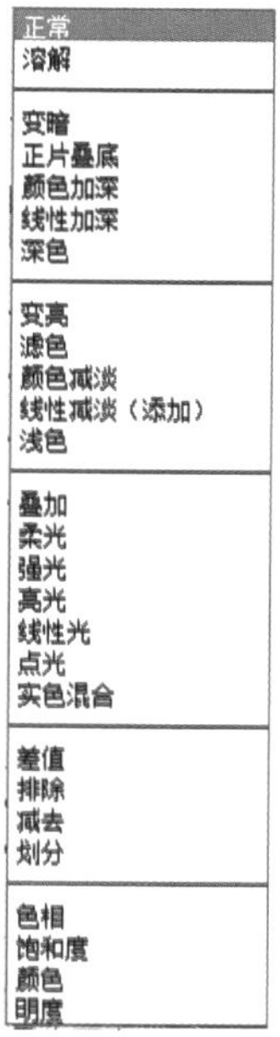

图 4-57 "混合模式"下拉列表框

◆ Step 02：在打开的下拉列表框中选择任意一种混合模式即可。

在对"图层 1"应用不同的图层混合模式后，图像效果如图 4-58、图 4-59、图 4-60 所示。

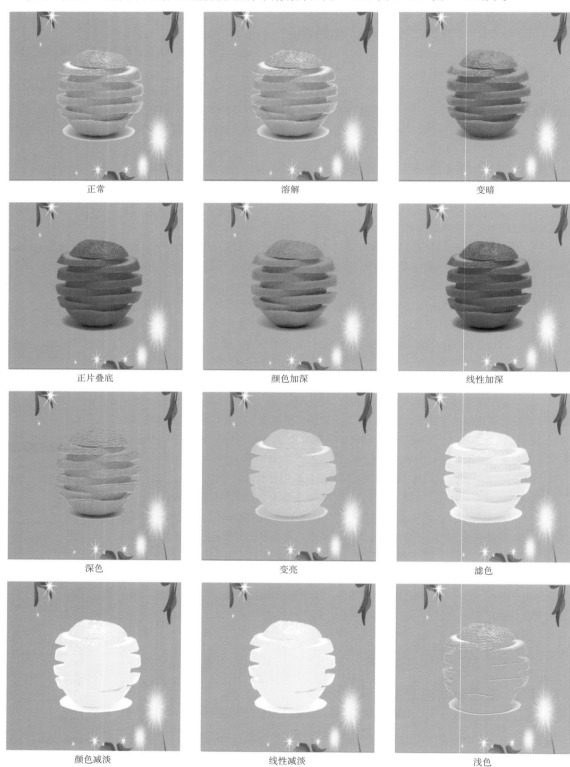

正常　　　　　　　　　　溶解　　　　　　　　　　变暗

正片叠底　　　　　　　　颜色加深　　　　　　　　线性加深

深色　　　　　　　　　　变亮　　　　　　　　　　滤色

颜色减淡　　　　　　　　线性减淡　　　　　　　　浅色

图 4-58　图层的各种混合模式效果图 1

叠加

柔光

强光

亮光

线性光

点光

实色混合

差值

排除

减去

划分

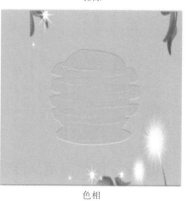

色相

图 4-59　图层的各种混合模式效果图 2

第1章
第2章
第3章
第4章
第5章
第6章
第7章
第8章
第9章

饱和度

颜色

亮度

图 4-60　图层的各种混合模式效果图 3

4.5　图层样式

　　Photoshop CS5 提供了投影、内阴影、外发光、内发光、斜面和浮雕等多种图层样式，利用图层样式来美化图层将得到更丰富、漂亮的效果。添加图层样式后，图层名称右侧会出现图标 **fx**，而添加的图层样式项目则会以列表的形式显示在图层的下方。给图层添加图层样式后，还可以对图层样式进行复制或清除等操作。

　　图层样式的效果与图层的内容是链接的，当移动或编辑图层内容时，图层样式的效果也会做相应的更改。例如，若对文本图层应用投影效果，当编辑文本时，阴影也会自动改变。

　　图层样式有预设样式和自定义样式，预设样式会出现在样式面板中，使用时只需要在样式面板中单击所选样式即可。自定义样式可根据设计的需要来设置。

4.5.1　给图层添加预设样式

　　给图层添加预设样式，可通过样式面板或图层样式对话框来实现。

1. 使用样式面板给图层添加预设样式

　　选择菜单栏中的"窗口"→"样式"命令，显示样式面板，如图 4-61 所示。

　　（1）在样式面板中选择一种样式，可将其应用到当前选定的图层上。

　　（2）将样式从样式面板拖移到"图层"面板的图层上。

　　（3）将样式从样式面板拖移到文档窗口，当鼠标指针位于希望应用该样式的图像上时，松开鼠标左键可将样式应用到该图层上。

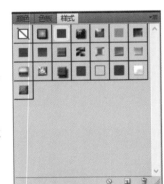
图 4-61　图层样式面板

2. 使用"图层样式"对话框添加预设样式

　　选择"图层"→"图层样式"→"混合选项"命令，弹出"图层样式"对话框，如图 4-62 所示。在对话框中选择最上端的"样式"选项，在"样式"预览窗口中选择需要的样式，单击"确定"按钮，可将样式应用到当前图层上。

4.5.2　创建自定义样式

　　在图层上添加"投影"和"内阴影""外发光"和"内发光""斜面和浮雕""光泽""颜色叠加""渐变叠加""图案叠加"和"描边"等任一种或多种效果，都可为图层创建自定义的样式。

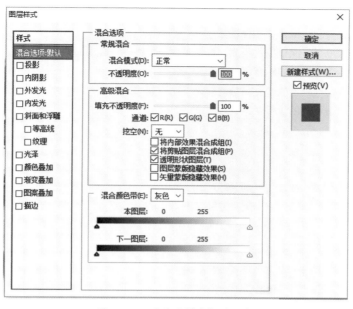

图 4-62　"图层样式"对话框

1. 添加投影样式

投影样式可以为图像添加阴影的效果，使图像产生立体感。

打开素材"投影与内阴影.psd"，选择"图层1副本"图层，双击打开"图层样式"对话框，选中"应用投影样式"选项，然后对其中的参数进行设置，如图4-63所示，设置完成后投影效果如图4-64所示。

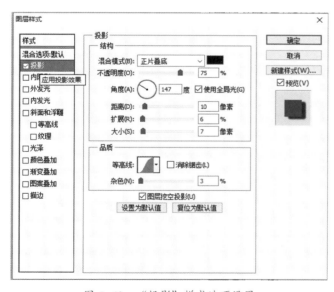

图 4-63　"投影"样式选项设置

图 4-64　投影效果

下面介绍"投影"样式部分选项的作用。

（1）混合模式：用来设置投影与下方图层中图像混合的模式。

（2）不透明度：用来设置投影的不透明度，数值越大，投影越明显，反之越虚幻。

（3）角度：用来设置光照的角度。选择"使用全局光"复选框，则所有图层都将使用相同的光照角度。

（4）距离：用来设置投影与当前图层的距离，数值越大，投影与原图层的距离越远。

（5）扩展：用来设置投影边缘的扩散程度。

（6）大小：用来设置投影边缘模糊的程度，数值越大越模糊。

（7）等高线：用来加强阴影的各种立体效果。

（8）杂色：用来设置生成杂点的数量，数值越大，杂点越多。

（9）消除锯齿：用来使投影的边缘变平滑。

（10）图层挖空投影：当填充为透明时，用来设置是否将投影挖空。

2．添加内阴影样式

内阴影样式可以在图像内部的边缘产生阴影效果。

打开素材"投影与内阴影 .psd"，选择"图层 1 副本"图层，双击打开"图层样式"对话框，选中"应用内阴影样式"选项，然后对其中的参数进行设置，如图 4-65 所示。设置完成后投影效果如图 4-66 所示。

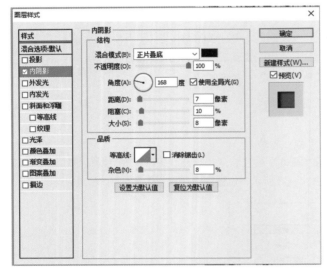

图 4-65　"内阴影"样式选项设置　　　　　　　　图 4-66　内阴影效果图

内阴影样式的大部分设置项与"投影"效果相同，不同的是"阻塞"选项。"阻塞"用来设置阴影内缩的大小。

当想要某个图层中的图像呈现出立体或透视效果时，可为其添加投影和内阴影两种效果。投影可在图像的外部添加阴影效果，内阴影可在图像边缘的内部添加阴影，从而产生凹陷的感觉。

3．添加外发光和内发光样式

外发光样式可以在图像边缘的内部产生发光效果，以增加图像的亮度；内发光样式可以在图像边缘的外部产生发光效果，使图像更加醒目。

◆ Step 01：打开素材 "内发光和外发光 .psd"，选择"图层 1 副本"图层，双击打开"图层样式"对话框，选中"应用外发光样式"选项，然后对其中的参数进行设置，如图 4-67 所示，设置完成后外发光效果如图 4-68 所示。

◆ Step 02：将图像还原成打开时的状态。选择"图层 1 副本"图层，双击打开"图层样式"对话框，选中"应用内发光样式"选项，然后对其中的参数进行设置，如图 4-69 所示，设置完成后内发光效果如图 4-70 所示。

下面介绍"外发光"样式部分选项的作用。

（1）单击◉■色块可以设置发光的颜色。

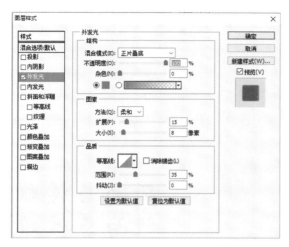

图 4-67　外发光效果的设置选项　　　　　图 4-68　外发光效果

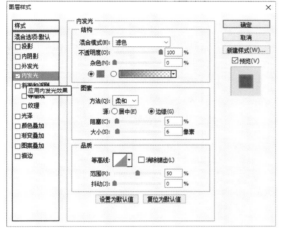

图 4-69　内发光的效果设置选项　　　　　图 4-70　内发光效果

（2）单击 ⃝▬▬▬▼ 色块可以打开"渐变编辑器"编辑发光的渐变色。

（3）方法：用于设置外发光应用的柔和技术，有"柔和"和"精确"两种设置。

（4）扩展：设置光向外扩展的范围。

（5）大小：设置发光的柔和效果。

（6）等高线：设置外发光的轮廓样式。

（7）范围：设置等高线的应用范围。

（8）抖动：设置在光中产生颜色杂点。

"内发光"样式的大部分设置项与"外发光"样式相同，不同的是"源"和"阻塞"的设置。

（1）源："居中"表示光线从图像中心向外扩展，"边缘"表示光线从边缘向中心扩展。

（2）阻塞：收缩内发光的杂边边界。

4. 斜面和浮雕

如果想让图像呈现立体感，除了添加投影效果外，还可以为图像添加"斜面与浮雕"的效果。

打开素材"斜面与浮雕.psd"，选择"斜面与浮雕副本"图层，双击打开"图层样式"对话框，选中"斜面和浮雕"选项，然后对其中的参数进行设置，如图 4-71 所示，设置完成后斜面和浮雕效果如图 4-72 所示。

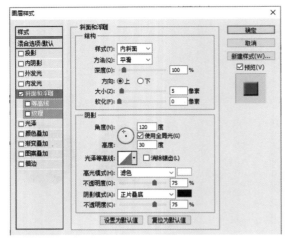

图 4-71　斜面和浮雕效果的设置选项

图 4-72　斜面和浮雕的效果

5. 颜色叠加、渐变叠加与图案叠加样式

颜色叠加可以为图像添加单一颜色的叠加效果，渐变叠加可以为图像添加渐变色的叠加效果，图案叠加可以为图像添加图案的叠加效果。

◆ Step 01：打开素材 "叠加 .psd"，如图 4-73 所示。选择 "图层 1" 图层，双击打开 "图层样式" 对话框，选中 "颜色叠加" 选项，然后对其中的参数进行设置，如图 4-74 所示，设置完成后颜色叠加效果如图 4-75 所示。

图 4-73　叠加
素材图像

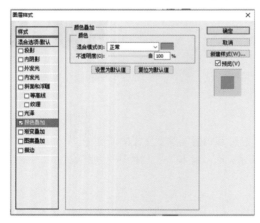

图 4-74　颜色叠加的设置选项

图 4-75　颜色叠加效果

◆ Step 02：按【Ctrl】+【Z】组合键撤销上一步操作。选择 "图层 1" 图层，双击打开 "图层样式" 对话框，选中 "渐变叠加" 选项，然后对其中的参数进行设置，最终效果及选项的设置如图 4-76 所示。

◆ Step 03：按【Ctrl】+【Z】组合键撤销上一步操作。选择 "图层 1" 图层，双击打开 "图层样式" 对话框，选中 "图案" 选项，然后对其中的参数进行设置，最终效果及选项的设置如图 4-77 所示。

6. 光泽样式

光泽样式可以为图像打造逼真的材质或者质感效果。

打开素材 "光泽 .psd"，选择 "光泽副本" 图层，双击打开 "图层样式" 对话框，选中 "光泽" 选项，然后对其中的参数进行设置，最终效果及选项设置如图 4-78 所示。

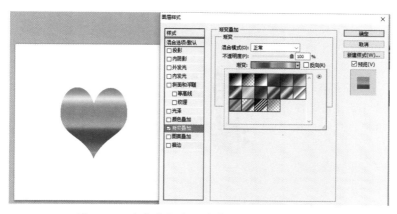

图 4-76　渐变叠加选项的最终效果及选项设置

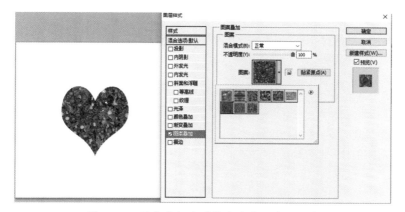

图 4-77　图案叠加选项最终效果及选项设置

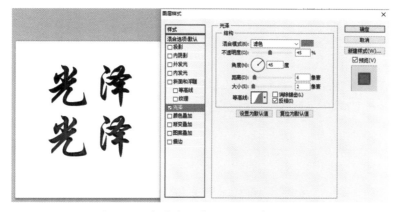

图 4-78　光泽选项最终效果及选项设置

7. 描边样式

描边样式是使用颜色、渐变或图案在当前图层上描画对象的轮廓。该样式在用于硬边形状（如文字）上时效果特别明显。

打开素材"描边.psd"，选择"描边副本"图层，双击打开"图层样式"对话框，选中"描边"选项，然后对其中的参数进行设置，最终效果及选项设置如图 4-79 所示。

4.5.3 图层样式的应用

在图层上添加效果可通过以下任一方式完成。

1. 执行"图层"→"图层样式"命令，在弹出的子菜单中选择需要的效果，如图4-80所示。

2. 单击"图层"面板下面的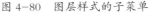按钮，在弹出的子菜单中选择需要的效果，如图4-81所示。

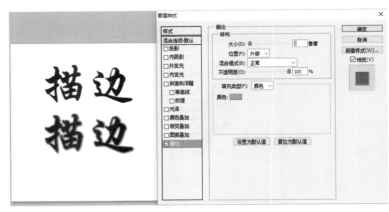

图4-79 描边选项最终效果及选项设置

4.5.4 图层样式的复制

拷贝和粘贴图层样式是对多个图层应用相同效果的快捷方法，在图层间拷贝样式可通过下述方法来实现。

（1）在图层面板中，选择包含要拷贝图层样式的图层，单击鼠标右键，从快捷菜单中执行"拷贝图层样式"命令或者执行"图层"→"图层样式"→"拷贝图层样式"命令。

（2）在图层面板中选择目标图层，单击鼠标右键，从快捷菜单中执行"粘贴图层样式"命令或执行"图层"→"图层样式"→"粘贴图层样式"命令，目标图层的原有图层样式即可替换为新的粘贴的图层样式。

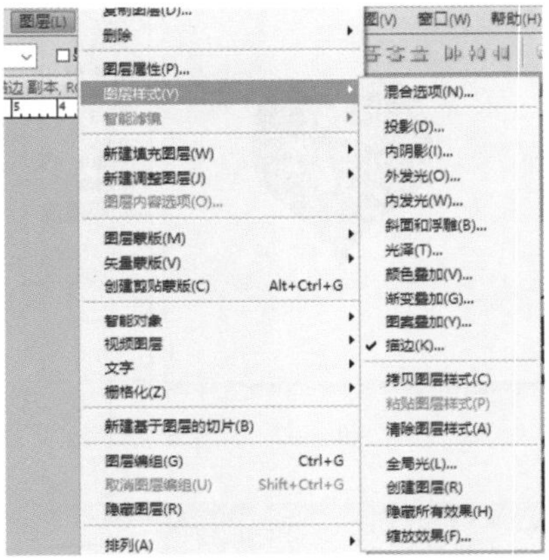

4.5.5 图层样式的清除

要清除图层样式，可首先在图层面板上选择要清除样式的图层，然后执行下面的任一操作。

（1）在"图层"面板中，将"效果"栏拖移到"删除"按钮上。

（2）执行"图层"→"图层样式"→"清除图层样式"命令。

（3）单击样式面板底部的"清除样式"按钮。

图4-80 图层样式的子菜单

图4-81 图层样式的种类

4.6 实例

这一节用图层样式来制作一个晶莹剔透的绿色水晶字。

◆ Step 01：新建一个600×400像素的文件，其他采用默认设置。选择"渐变工具"，将渐变色设置为#e1e9c5和#88a816，设置渐变方式为径向渐变，从中心往外拉，如图4-82所示。

◆ Step 02：选择"横排文字工具"，按照如图4-83所示设置字体、大小和颜色，输入文字"GREEN"，将文字图层复制一层，然后将副本图层隐藏。

图4-82 渐变填充效果

图4-83 文字工具选项栏

◆ Step 03：设置文字图层的图层样式，包括混合选项、投影、内阴影、外发光、斜面和浮雕、光泽和颜色叠加，具体的设置如图 4-84 ~ 图 4-91 所示。

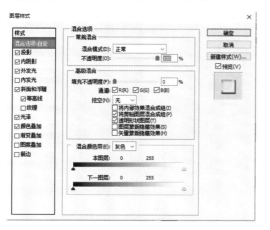

图 4-84　混合选项的设置

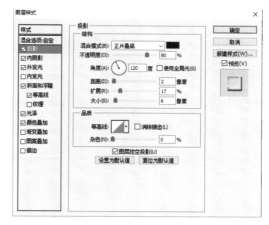

图 4-85　投影样式的设置

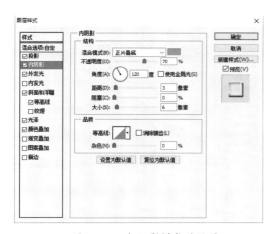

图 4-86　内阴影样式的设置

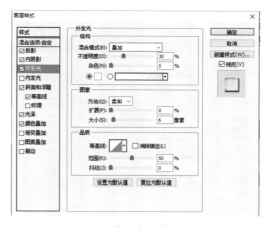

图 4-87　外发光样式的设置

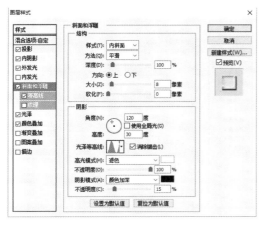

图 4-88　斜面和浮雕样式的设置

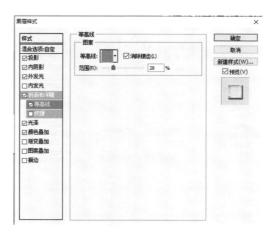

图 4-89　等高线的设置

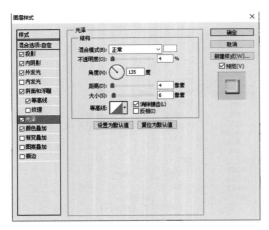

图 4-90　光泽样式的设置

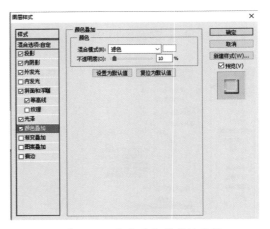

图 4-91　颜色叠加样式的设置

◆ Step 04：显示文字副本图层。给其设置图层样式，具体的设置如图 4-92 ~ 图 4-98 所示，设置完成后得到最终效果如图 4-99 所示。

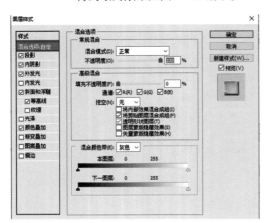

图 4-92　混合选项的设置

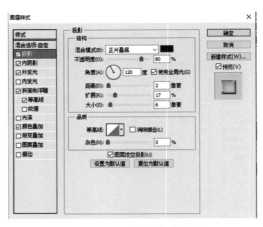

图 4-93　投影样式的设置

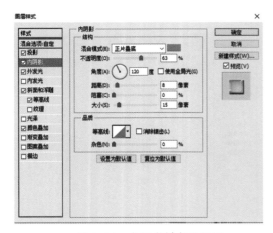

图 4-94　内阴影样式的设置

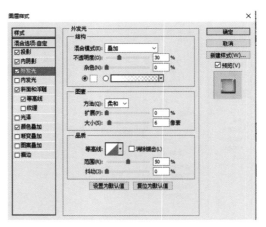

图 4-95　外发光样式的设置

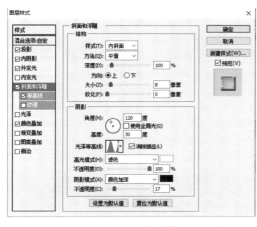

图 4-96 斜面和浮雕样式的设置

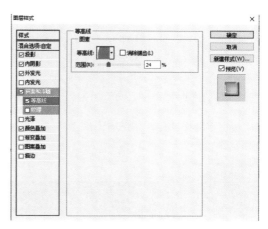

图 4-97 等高线的设置

图 4-98 颜色叠加样式的设置

图 4-99 水晶字最终效果图

本章习题

一、选择题

1. 同一个图像文件中的所有图层具有相同的（   ）。

A. 路径　　　　　　B. 分辨率　　　　　C. 通道　　　　　D. 以上都不对

2. 下列模式中，（   ）是绘图工具的作用模式，而在图层与图层之间没有这种模式。

A. 排除　　　　　　B. 溶解　　　　　　C. 背后　　　　　D. 叠加

3. 将文字图层转换为普通图层的方法是（   ）。

A. 图像→调整→普通层　　　　　　　　B. 图层→文字层→普通层

C. 编辑→图层→普通层　　　　　　　　D. 图层→栅格化→图层

4. （   ）可以不建立新图层。

A. 使用文字工具在图像中添加文字　　　B. 使用鼠标将当前图像拖移到另一张图像上

C. 双击"图层"面板的空白处　　　　　D. 单击"图层"面板下方的新建按钮

5. （　　）可以复制一个图层。

A. 选择"编辑"→"复制"　　　　　　　B. 选择"图像"→"复制"

C. 选择"文件"→"复制图层"　　　　　D. 将图层拖移到"图层"面板下方"创建新图层"按钮上

二、操作题

1. 利用习题文件夹　"花瓣.psd"文件中"图案1"的基本形状，绘制如图4-100所示的Logo，每次变化的角度是30度。

> ※ **提示 Tips**
>
> 可按【Ctrl】+【Shift】+【Alt】+【T】组合键进行快速的图层复制。

2. 用Photoshop打开习题文件夹中的"五角星.psd"，请设计出如图4-101所示的最终效果。

图4-100　花瓣Logo　　　　　　　　图4-101　五角星

3. 打开习题文件夹中"木棉花.psd"，按照下述步骤对图像进行处理。

(1) 将"图层0"调至最底层并创建背景图层。

(2) 通过添加纯色填充图层的方法，调整背景图像的色调。

(3) 将两个文字图层靠左对齐，并链接起来，最后合并成一个普通图层。

(4) 为文字添加阴影效果，使之看起来更加立体。

(5) 为背景添加由浅到深的黑色边框效果。

完成上述处理后，将文档保存起来，最终效果如图4-102所示。

> ※ **提示 Tips**
>
> 完成最后一步时，先全选整个背景图，然后执行"修改"→"边界"命令，将宽度设置为30px，然后复制选区内容并粘贴到新的图层，再设置"图层1"与背景图层的混合模式为差值。

图4-102　木棉花最终效果图

第 5 章
蒙版和通道

在使用 Photoshop 处理图片时，高级操作部分一般会用到蒙版和通道来创建特殊效果，它可以遮盖不被编辑的区域，主要用于合成图像。通道也是 Photoshop 中非常重要的高级功能，它记录了图像大部分的信息，包括颜色信息和保存选区的信息。蒙版和通道在某种意义上可被认为是同一种东西，与选区相通，可以相互转换。本章主要讲解蒙版和通道的基本概念和编辑技巧，并通过实例介绍其功能。

5.1 蒙版简介

在 Photoshop 中，蒙版的默认颜色是红色，因为它本身就是模仿传统印刷中的一种工艺。在这种工艺中，人们使用一种红色的胶状物来保护印版。如图 5-1 所示。

蒙版是将不同的灰度值转化为不同的透明度，使所在图层不同部位透明度产生相应变化，黑色为完全透明，白色为完全不透明，并可以用所有的绘画和编辑工具进行调整和编辑。

蒙版主要是新建一个活动的蒙版图层对其进行处理，而不损坏原图层。蒙版遮盖的区域是非选择部分，其余的是选择部分。给图层添加蒙版，并没有将原图层内容删除，只是将其一部分隐藏，因此，使用蒙版编辑图像是非破坏性的。无论是简单或复杂，蒙版都是一种选择区域，但又有别于常用选区工具。

图 5-1　涂抹前

5.2 蒙版分类和创建

蒙版可以用于图像编辑时，隔离需要被保护的区域，大致可分为两类：快速蒙版和图层蒙版。图层蒙版又可分为普通图层蒙版、矢量蒙版、剪贴图层蒙版和文本蒙版等。下面分别介绍快速蒙版、普通图层蒙版、矢量蒙版和剪贴图层蒙版的创建方法。

5.2.1 快速蒙版

快速蒙版又称为临时蒙版，编辑完蒙版退出时，不被保护的区域变成一个选区。将选区作为蒙版编辑可以用其他工具和滤镜来修改。

- ◆ Step 01：打开素材文件"快速蒙版 .jpg"，效果如图 5-1 所示。
- ◆ Step 02：单击工具箱中"以快速蒙版模式编辑"按钮 。
- ◆ Step 03：设置前景色为黑色，使用画笔工具进行涂抹，效果如图 5-2 所示。
- ◆ Step 04：再次单击工具箱 "以快速蒙版模式编辑"按钮，退出编辑。这时可以看到，红色蒙版以外的区域成为选区，如图 5-3 所示。

双击工具箱中的"以快速蒙版模式编辑"按钮 ，弹出"快速蒙版选项"对话框，如图 5-4 所示，可选择蒙版颜色，以及颜色所覆盖的区域是"被蒙版区域"还是"所选区域"，并可调整蒙版颜色的不透明度。

图 5-2　涂抹后　　　　　　　图 5-3　选区　　　　　　　　图 5-4　快速蒙版选项

5.2.2　普通图层蒙版

普通图层蒙版常用来合成图像，在创建调整图层、填充图层或应用智能滤镜的时候，Photoshop 也会自动为其添加普通图层蒙版。

1. 用图层蒙版混合图像

使用图层蒙版混合图像时，要在蒙版上创建黑白渐变，使其有一个渐变的显隐效果。

◆ Step 01：打开素材文件"普通图层蒙版 .png"，效果如图 5-5 所示。

图 5-5　普通图层蒙版

◆ Step 02：打开素材图像"叠加图像 .png"，使用移动工具将图像移动到"普通图层蒙版"中，调整好位置。

◆ Step 03：选中"图层 1"，单击图层面板上的"添加图层蒙版"按钮 ，效果如图 5-6 所示。

◆ Step 04：单击工具箱中"渐变工具"按钮 ，在工具选项中设置为黑白径向渐变，中心为白色，如图 5-7 所示。

图 5-6　添加图层蒙版

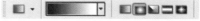

图 5-7　渐变设置

◆ Step 05：选中图层 1 的图层蒙版，在工作窗口拖动鼠标，创建渐变，效果如图 5-8 所示。

图 5-8　图像的合并效果

蒙版分为黑蒙版和白蒙版，黑色为遮盖，即不可见，白色为显示，即可见。因此，可以用黑色遮盖不想看到的部分。在上例中，在图层蒙版上应用渐变填充，填充的并不是颜色，而是遮挡范围，如图 5-9 所示。

2. 基于选区创建图层蒙版

在叠加图像上创建选区，然后可以通过选区创建图层蒙版。选区以内的内容会显示，选区以外的内容会隐藏，通过设置羽化区域，可以获得渐变效果。

图 5-9　渐变填充效果

◆ Step 01：打开素材文件"普通图层蒙版.png"和"叠加图像.png"，将后者拖动到前者文件中创建新的图层。

◆ Step 02：选择"椭圆选区工具"创建合适选区，并修改羽化值为 30px。

◆ Step 03：左键单击图层面板上的"创建图层蒙版"按钮图标，即可完成操作。

5.2.3　矢量蒙版

矢量蒙版是使用路径和矢量形状来创建蒙版的，通常会用到钢笔工具、自定形状工具等矢量工具。矢量蒙版中的路径与分辨率无关，因此，在缩放时轮廓不会产生锯齿。矢量蒙版可以创建锐边、边缘清晰的形状，常用来制作按钮或 Logo 等。矢量蒙版是一种在矢量状态下编辑蒙版的特殊方式，与图层蒙版和剪贴蒙版的主要区别在于，前两者都是基于像素的蒙版。

1. 创建矢量蒙版

◆ Step 01：打开素材图像"相框背景.png"，效果如图 5-10 所示。

◆ Step 02：打开素材图像"照片.png"，使用移动工具将图像移动到相框背景中，调整好位置。

◆ Step 03：创建显示路径。单击工具箱中"自定形状工具"按钮，在选项栏中单击"路径"按钮，在形状下拉列表中选择合适的形状，如图 5-11 所示，绘制心形图案。

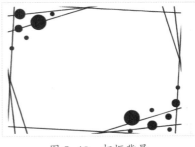

◆ Step 04：调整路径。使用工具箱中"路径选择工具"选中路径，然后执行"编辑"→"自由变换路径"命令，调整路径的大小和位置。

图 5-10　相框背景

2. 编辑图形

创建矢量蒙版后，可直接选中矢量蒙版，然后调整路径，改变形状。当然，也可以使用"编辑"→"变换路径"命令，调整路径的形状和方向（或【Ctrl】+【T】组合键）。

◆ Step 01：在上例操作基础上添加蒙版。执行"图层"→"矢量蒙版"→"当前路径"命令，创建矢量蒙版。（可按住【Ctrl】键的同时，单击"图层"面板上的"添加图层蒙版"按钮 ◙，也可以创建矢量蒙版。）效果如图 5−12 所示。

◆ Step 02：选择"编辑"→"变换路径"命令或按【Ctrl】+【T】，进入变换状态，通过拖曳的方式可以改变心形的方向和大小到合适的状态。

◆ Step 03：调整合适后，单击"提交编辑"。

3. 添加形状

创建矢量蒙版后，可继续编辑矢量蒙版，使效果更丰富。编辑矢量蒙版时，可直接使用自定形状工具直接在蒙版中添加形状。

◆ Step 01：在上例操作基础上选择其他形状，绘制路径，作为点缀，效果如图 5−13 所示。

◆ Step 02：选择矢量蒙版图层，执行"图层"→"栅格化"→"矢量蒙版"命令，即可栅格化矢量蒙版，将其转化为普通图层蒙版。

4. 删除矢量蒙版

如果要删除创建的矢量蒙版，可分为两种情况进行处理：第一，删除其中一部分，可用工具箱中的路径选择工具选中要删除的矢量形状，按【Delete】键直接删除；第二，删除整个矢量蒙版，可在图层面板中用鼠标拖动该矢量蒙版到"删除图层"图标上，进行删除。

矢量蒙版与图像分辨率无关，它是由钢笔工具或各种形状工具创建的路径，通过路径和矢量形状来控制图像的显示区域，可使显示区域边缘清晰而光滑。

5.2.4 剪贴蒙版

与图层蒙版和矢量蒙版相比，剪贴蒙版更加灵活，它使用一个图像中包含像素的区域或文本，限制上层的显示区域。因此，剪贴蒙版可以用一个图层来控制多个图层的显示区域。

1. 剪贴蒙版的创建

◆ Step 01：打开素材图像"战争场面 .png"，效果如图 5−14 所示。

◆ Step 02：新建文件，宽为 600px，高为 400px，与素材相同。

◆ Step 03：单击"工具箱"的文本工具，设置工具选项如图 5−15 所示。

图 5−11　绘制路径

图 5−12　矢量蒙版效果

图 5−13　点缀路径

图 5-14　战争场面

图 5-15　文本工具选项

◆ Step 04：输入文本"WAR"并调整其位置（将文字栅格化，效果相同）。

◆ Step 05：使用移动工具将素材图像"战争场面 .png"移至新建文件中，
图层面板显示如图 5-16 所示。

◆ Step 06：选择"图层"→"创建剪贴蒙版"（【Alt】+【Ctrl】+【G】
组合键）命令，创建剪贴蒙版。创建剪贴蒙版，除可用菜单命
令和快捷键外，还可以使用键盘加鼠标组合操作的方法：按住
【Alt】键，将鼠标光标移至内容图层和基底图层的分界线上，
光标将变成 的形状，然后单击鼠标，即可创建剪贴蒙版。

图 5-16　移动图像后图层
面板

◆ Step 07：移动图像位置以调整图像显示，效果如图 5-17 所示，图层面
板显示如图 5-18 所示。

图 5-17　剪贴蒙版效果

2. 图层结构

剪贴蒙版的下面图层是基底图层，图层名称下面有下划线；基底图层的名
称上面为内容图层，它的缩览图是缩进的，并带有指向基底图层的黑色箭头。

基底图层的透明区域就是剪贴蒙版组的蒙版，也可以认为透明区域作为蒙
版，将内容图层中的图像隐藏了起来。因此，基底图层包含像素的区域决定了内
容图层的显示范围，要想改变图像显示区域，可移动基底图层或使用变形工具改
变基底图层的位置和形状。当然，改变内容图层的位置，同样可以改变内容的显
示区域。

图 5-18　创建剪贴蒙版后图
层面板

3. 调整和释放剪贴图层

创建剪贴蒙版后，可将其他图层（相邻）添加进剪贴蒙版组中，或从蒙版组中释放出来。

◆ Step 01：打开素材文件"剪贴蒙版调整 .psd"，效果如图 5-19 所示。

◆ Step 02：按着【Alt】键将鼠标光标移动到"图层 2"和"图层 1"的分界线上，鼠标光标变成 形状
时单击左键，可将"图层 2"加入到剪贴图层蒙版中。本操作也可以用鼠标拖曳的方法完成，
即按着鼠标左键将"图层 2"拖曳至"图层 1"与基底图层的分界线处，释放鼠标即可完成操作，
效果如图 5-20 所示。

图 5-19　创建剪贴蒙版

图 5-20　调整普通图层为剪贴图层

◆ Step 03：同样的方法也可将"图层 3"创建成为剪贴蒙版的内容图层，效果如图 5-21 所示。

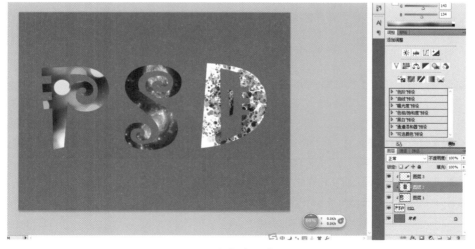

图 5-21　完成剪贴蒙版调整

◆ Step 04：学会了上边的操作方法，释放剪贴蒙版就非常简单了。如果要将剪贴蒙版全部释放可使用组合键的方式，按住【Alt】键同时将鼠标光标移动到基底图层和内容图层分界线，光标变成 形状时单击鼠标左键即可。

当然还可以使用菜单命令的方式，选中"图层 1"为当前图层，执行"图层"→"释放剪贴蒙版"（按【Alt】+【Ctrl】+【G】组合键）命令，即可将全部内容图层释放。如果选中"图层 2"执行以上操作，则仅释放"图层 2"以上的内容图层。

◆ Step 05：释放任意内容图层，可使用鼠标拖曳的方法。按下鼠标左键，拖曳想要释放的内容图层到普通图层上释放即可。

◆ Step 06：给"PSD 图层"添加图层样式，描边、白色、6px，效果如图 5-22 所示。

设置剪贴蒙版时，也可使用图层的不透明度和混合模式属性创建特殊效果。设置基底图层的图层不透明度和混合模式，对所有内容图层都会起作用；如果设置内容图层的不透明度与混合模式，则只对该图层起作用。用户可用本例演示其效果。

图 5-22　最终效果

5.3　通道简介

通道记录了图像大部分的信息，包括图像色彩、内容和选区，是 Photoshop 中非常重要的概念之一。

通道和图层都是用来存储图像信息的，但又有区别。以 RGB 模式为例：图层各个像素点的属性是以红、绿、蓝三原色的数值来表示的，而通道层中的像素是由一组原色的亮度值组成的。通俗地讲，通道中只有一种颜色的不同亮度，是一种灰度图像，两者是相对应的。

通道的主要功能是保存图像的颜色信息和保存选区，并通过各种运算来合成具有特殊效果的图像。下面来了解一下通道的分类、特征和用途。

5.4　通道的分类和创建

Photoshop 中包含了多种类型的通道，主要可分为复合通道、颜色通道、专色通道、Alpha 通道。相对于其他通道而言，复合通道不包含任何信息，实际上只是用来同时预览和编辑所有颜色通道。

5.4.1　颜色通道

颜色通道是在打开图像时自动创建、用于记录图像颜色信息的通道。图像颜色模式不同，颜色通道也随之发生变化。

颜色通道就如摄影胶片一样，其灰度代表了一种颜色的深度，记录图像内容的颜色信息。例如，颜色模式为 RGB 的图像包含红（R）、绿 (G)、蓝 (B) 三个颜色通道，还有一个用于编辑图像颜色的复合通道，如图 5-23 所示，CMYK 模式的图像包含青色（C）、洋红（M）、黄色（Y）、黑色（K）和一个复合通道，如图 5-24 所示。Lab 模式图像包含明度、a 通道、b 通道和一个复合通道，如图 5-25 所示。位图、灰度图像、双色调和索引图像都是只有一个通道，即灰色通道如图 5-26 所示。

图 5-23　RGB 模式

图 5-24　CMYK 模式

图 5-25　Lab 模式

图 5-26　灰度模式

5.4.2　Alpha 通道

不同于颜色通道，Alpha 通道是用来保存选区的，可以将选区存储为灰度图像，然后使用编辑工具，通过改变其灰度来改变选区。

Alpha 通道专门用于存储选区，在一个图像中总数不能超过 56 个。在 Alpha 通道中，白色代表被选择区域，黑色代表未被选择区域，灰色代表被部分选择区域，也就是羽化的区域。

◆ Step 01：打开素材图像"飞鹰 .png"，效果如图 5-27 所示。

◆ Step 02：在图中老鹰所覆盖区域创建选区。效果如图 5-28 所示。

图 5-27　飞鹰

图 5-28　创建选区

◆ Step 03：选择"选择"→"存储选区"命令，弹出"存储选区"对话框，如图 5-29 所示。

◆ Step 04：单击"确定"按钮存储选区。可以看到，在通道面板中同时新建了一个名称为"Alpha 1"的 Alpha 通道，如图 5-30 所示。

用户还可以通过单击通道面板上的"创建新通道"按钮 ，或单击"通道"面板右上角的三角形按钮 ，执行"新建通道"命令创建 Alpha 通道。

图 5-29　存储选区对话框

图 5-30　通过选区创建 Alpha 通道

5.4.3　专色通道

在 Photoshop 中，专色是指用于替代印刷色（CMYK）的特殊油墨，如金属质感的油墨、明亮的橙色等。

专色通道就是用来存储专色的一种特殊的通道，它可以准确地控制印刷中的颜色传递，并可以呈现 CMYK 四色印刷无法达到的色域。

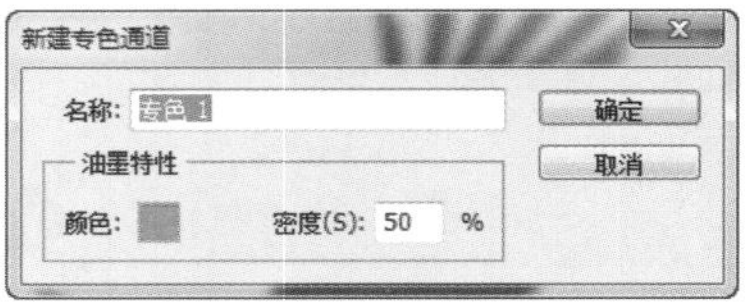

◆ Step 01：在上例的基础上，将选取载入并反向，单击"通道"面板右上角的三角形按钮 ，执行"新建专色通道"命令，调出"新建专色通道"对话框，如图 5-31 所示。

◆ Step 02：单击"颜色"色块可设置专色，在颜色库中选取专色蓝色（代号：PANTONE 286 C），在"密度"文本框中输入密度值。

◆ Step 03：单击"确定"按钮，新建"专色 1"专色通道，通道面板显示如图 5-32 所示。

最终效果如图 5-33 所示。

图 5-31　新建专色通道

图 5-32　新建通道显示专色 1

图 5-33　最终效果

在创建专色通道的过程中，可通过用白色和黑色绘制来增加和减少颜色范围，并可将 Alpha 通道转变为专色通道（双击通道缩览图，设置通道选项），这里不再赘述。

5.4.4　分离通道

使用分离通道命令可以将通道分离成单独的灰度图像。执行分离通道后，会生成三个灰度图像文件，文件名为原文件名加上该通道的名称。分离前图像效果如图 5-34 所示。

将三个文件分别保存为"鲜花 R.jpg""鲜花 G.jpg""鲜花 B.jpg"三个灰色图像，如图 5-35、图 5-36 和图 5-37 所示。

图 5-34　图像效果

图 5-35　鲜花 R

5.4.5　合并通道

相同像素尺寸的多个灰度图像可以合成一个图像的通道，构成彩色图像，用来合成的图像必须是处在打开

图 5-36 鲜花 G

图 5-37 鲜花 B

状态。用户可以使用分离通道中分离的三个灰度图像重新合成一个彩色图像,为了方便观察,将通道调换,比较其区别。

打开三个灰度图像文件,在通道面板中执行"合并通道"命令,并调换其通道,如图 5-38 所示。

合并完成后与原图比较,红色通道与蓝色通道进行了调换,产生了新的效果如图 5-39 所示。

图 5-38 通道合并项

图 5-39 合并后效果

5.5 实例

这一节使用两个实例来说明通道的具体使用:实例一,使用通道为人物更换背景,实例二,使用通道打造照片梦幻效果。

实例一:使用通道为人物更换背景。

◆ Step 01:打开素材图像"人物图片 .jpg",效果如图 5-40 所示。

◆ Step 02:在通道中选择蓝色通道,效果如图 5-41 所示。

◆ Step 03:复制一个蓝色副本通道,效果如图 5-42 所示。

图 5-40 人物图片

◆ Step 04:执行"图像"→"调整"→"色阶"命令,调整亮调和色调的数值,效果如图 5-43 所示。

◆ Step 05:执行"图像"→"调整"→"曲线"命令,调整图片亮度,效果如图 5-44 所示。

第1章

第2章

第3章

第4章

第5章

第6章

第7章

第8章

第9章

图 5-41　选择蓝色通道

图 5-42　复制蓝色通道

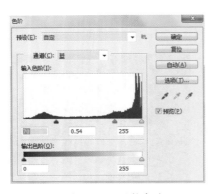
图 5-43　调整色阶

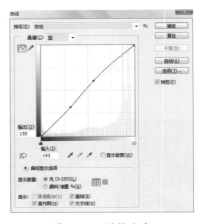
图 5-44　调整曲线

◆ Step 06：执行"图像"→"调整"→"反相"命令，效果如图 5-45 所示。

◆ Step 07：将前景色设为白色，使用画笔工具，将人物部分进行涂抹；再将前景色设为黑色，将剩下的部分进行涂抹，效果如图 5-46 所示。

图 5-45　反相命令

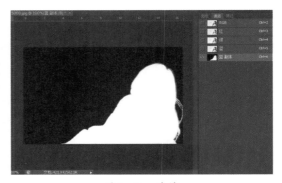
图 5-46　涂抹

◆ Step 08：执行"图像"→"调整"→"反相"命令，调出选区，效果如图 5-47 所示。

◆ Step 09：执行"文件"→"打开"命令，打开另一张素材图像"背景 .jpg"，效果如图 5-48 所示。

◆ Step 10：执行"选择"→"全部"命令对图片进行选择，然后，执行"编辑"→"拷贝"命令对图片进行拷贝，返回人物图层，执行"编辑"→"选择性粘贴"→"贴入"命令，效果如图 5-49 所示。

◆ Step11：执行"文件"→"保存"命令对图片进行保存。

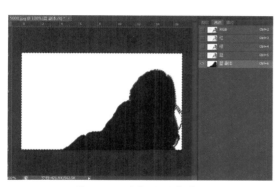

图 5-47　反相后调出选区

图 5-48　背景图片

实例二：使用通道打造照片梦幻效果。

◆ Step01：打开素材图像"应用通道.jpg"，效果如图 5-50 所示。

◆ Step02：执行"图层"→"新建"→"通过拷贝的图层"命令，在图层面板中拷贝出一个新的"图层 1"。效果如图 5-51 所示。

◆ Step03：在通道面板中选择绿色通道命令，然后执行"选择"→"全部"命令，再执行"编辑"→"拷贝命令"，效果如图 5-52 所示。

◆ Step04：在蓝色通道中，执行"编辑"→"粘贴"命令，将绿通道的信息粘贴到蓝通道中，图像效果发生了变化，效果如图 5-53 所示。

◆ Step05：执行"选择"→"取消选择"命令，为"图层 1"添加一个调整色相/饱和度的图层，调整青色的数值，将色相值设为 -50，将饱和度设为 12，效果如图 5-54 所示。

◆ Step06：执行【Ctrl】+【Shift】+【Alt】+【E】盖印出一个"图层 2"，然后执行"滤镜"→"模糊"→"高斯模糊"命令，修改模糊值为 2.5，将混合模式设置为"柔光"，效果如图 5-55 所示。

◆ Step07：为"图层 2"添加一个蒙版，使用画笔工具，选择一个合适的笔触，并将前景色设为黑色，在蒙版

图 5-49　更换背景后人物图片

图 5-50　应用通道

图 5-51　拷贝一个新的图层

图 5-52　选择绿色通道命令

上涂抹，将人物区域的模糊擦除掉，效果如图 5-56 所示。

图 5-53　将绿通道的信息粘贴到蓝通道后的
变化图像

图 5-54　调整色相 / 饱和度后的效果图

图 5-55　模糊后的效果图

图 5-56　加蒙版

◆ Step08：盖印出一个"图层 3"，执行"滤镜"→"锐化"→"USM 锐化" 命令，将数量值设为
30%，半径设置为 3，使照片更加清晰，效果如图 5-57 所示。

◆ Step09：为"图层 3"添加一个调整色相 / 饱和度的图层，调整青色的数值，将色相值设为 −180，将饱
和度设为 10，效果如图 5-58 所示。

图 5-57　USM 锐化

图 5-58　调整色相 / 饱和度

◆ Step10：新建一个新的图层，执行"窗口"→"画笔"命令，调出画笔窗口，选择一种笔触，像素设为15px，间距设为300%；设置"形状动态"的大小抖动为100%；"散布"中散布数值为1000%，数量为2；修改"传递"参数，不透明抖动为50%，钢笔压力为50%，如图5-59所示。

◆ Step11：将前景色设为白色，在照片中进行绘制，增加照片的朦胧感，效果如图5-60所示。

◆ Step12：使用文本工具在场景中输入文字效果，效果如图5-61所示。

图 5-59　设置画笔参数

图 5-60　增加照片的朦胧感

图 5-61　输入文字效果

本章习题

一、选择题

1. 进入快速蒙版状态，应该（　　）。

A. 建立一个选区

B. 选择一个 Alpha 通道

C. 单击视图菜单中的"快速蒙版"按钮

D. 单击工具箱中的"快速蒙版"按钮

2. Photoshop 中，在当前图像创建一个选区，按住【Alt】键单击"添加蒙版"按钮，和不按【Alt】键单击"添加蒙版"按钮，其区别是（　　）。

A. 没有区别

B. 蒙版区域恰好相反

C. 前者无法创建蒙版，而后者可以

D. 后者无法创建蒙版，而前者可以

3. 下面对图层蒙版的描述正确的是（　　）。

A. 使用图层蒙版能够隐藏或显示部分图像

B. 使用图层蒙版可以避免颜色损失

C. 使用图层蒙版可以很好地混合两幅图像

D. 使用图层蒙版可以使文件缩小

4. 如果在图层上添加一个蒙版，当要单独移动蒙版时，以下操作哪一项是正确的（　　）。

A. 首先解除图层与蒙版之间的锁，再选择蒙版，然后使用移动工具即可移动

B. 首先解除图层与蒙版之间的锁，然后使用移动工具即可移动

C. 单击图层上的蒙版，按【Ctrl】+【A】组合键全选，使用选择工具拖曳

D. 单击图层上的蒙版，然后使用移动工具即可移动

5. 蒙版抠图的原理是（　　）。

A. 删除图像不需要的部分　　　　　　　　B. 黑色控制显示，白色控制隐藏

C. 灰色控制显示，黑色控制隐藏　　　　　D. 白色控制显示，灰色控制隐藏

6. CMYK 模式的图像有（　　）个颜色通道。

A. 1　　　　　　　　　　　　　　　　　B. 2

C. 3　　　　　　　　　　　　　　　　　D. 4

7. 在 RGB 模式的图像中加入一个新通道时，该通道是哪种类型（　　）。

A. 红色通道　　　　　　　　　　　　　　B. 绿色通道

C. Alpha 通道　　　　　　　　　　　　　D. 蓝色通道

8. Alpha 通道的主要用途是（　　）。

A. 保存图像色彩信息　　　　　　　　　　B. 创建新通道

C. 为路径提供通道　　　　　　　　　　　D. 存储和建立选区

9. 以下哪种操作可将通道转化成选区（　　）。

A. 按住【Ctrl】键，单击通道副本　　　　　B. 按住【Shift】键，单击通道副本

C. 按住【Ctrl】+【Shift】组合键，单击通道副本　D. 直接单击通道副本

10. 下列有关创建专色通道的叙述不正确的是（　　）。

A. 可直接创建空的专色通道　　　　　　　B. 可通过选区创建专色通道

C. 可以把 Alpha 通道转换成专色通道　　　D. 可直接通过路径创建专色通道

二、操作题

1. 利用所学"图层蒙版"知识和操作技能，利用素材制作图片效果如图 5-62 所示。

2. 利用通道修复红眼照片，将素材"红眼 .jpg"修复成如图 5-63 所示。

注：查看红通道的损坏情况，以及其他通道的效果。然后，创建选区，执行"图像"→"应用图像"命令，用效果较好的通道修复红通道。

3. 请在素材"人物照片 .jpg"中利用通道知识和技术将人物抠出，并合并到素材"背景 .jpg"中，效果如图 5-64 所示。

图 5-62

图 5-63

图 5-64

第 6 章
路径的应用

在 Photoshop 操作中，路径和形状是非常重要的工具，其特点是可以自由绘制，不受图像的影响。本章主要介绍路径的创建、编辑和调整，通过本章的学习，可以掌握利用钢笔工具和形状工具创建路径的方法、路径和选区的相互转换以及对路径进行填充和描边等操作。

6.1 路径的概述

6.1.1 认识路径

一条完整的路径是由锚点、路径线、控制点和方向线等构成，如图6-1所示。其中锚点被选中时是一个实心的方点，没有被选中时是一个空心的方点。控制点一直都是实心的圆点。

6.1.2 "路径"面板

路径面板用来存储和管理路径，选择"窗口"→"路径"命令，可以打开路径面板。下面讲解路径的形态和路径面板的各个按钮。

路径的形态有3种：工作路径、路径、矢量蒙版，如图6-2所示。

（1）工作路径：当前创建的临时路径。

（2）路径：当前文档存储后的路径。

（3）矢量蒙版：当前文档中包含的矢量蒙版。

路径面板底部各个按钮的含义：

（1）"用前景色填充路径"按钮 ●：用前景色填充路径区域；

（2）"用画笔描边路径"按钮 ○：用画笔工具给路径边沿描边；

（3）"将路径作为选区载入"按钮 ○：将当前选择的路径转换成选区；

（4）"从选区生成工作路径"按钮 ⌒：将当前的选区边界转换成工作路径；

（5）"创建新路径"按钮 ⊡：可以创建新的路径。如果按住【Alt】键单击该按钮，可以弹出"新建路径"对话框，在对话框中输入路径的名称也可以新建路径。

（6）"删除当前路径"按钮 ⊟：选择路径层后，单击该按钮可以删除路径。将路径直接拖至该按钮也可以删除。

图 6-1 路径的组成

图 6-2 路径面板

6.2 创建和编辑路径

6.2.1 创建和调整路径

1. 钢笔工具

（1）工具选项栏的属性设置

"钢笔工具" ✎ 是创建路径最常用的工具，选择"钢笔工具"后，工具选项栏如图6-3所示。选择钢笔工具，然后单击工具选项条上的"路径"按钮 ，即可创建路径。

图 6-3　钢笔工具的属性设置栏

（2）创建直线路径

使用"钢笔工具" 绘制最简单的路径是直线，通过单击确定第一个点，然后在新的位置单击，两点之间就创建了一条直线路径，如图 6-4 所示 。

（3）创建曲线路径

使用"钢笔工具" 也可以绘制曲线路径，方法是单击另一个点并拖动鼠标指针，可以绘制一条曲线路径，如图 6-5 所示。

创建完曲线路径后，若要接着绘制直线路径，则需要按住【Alt】键单击最后一个锚点，使方向线只保留一段，释放【Alt】键后在新的位置单击即可，如图 6-6 所示。

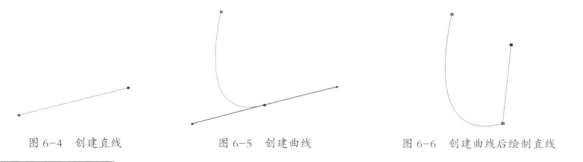

图 6-4　创建直线　　　　　图 6-5　创建曲线　　　　　图 6-6　创建曲线后绘制直线

提示 Tips

创建直线路径的方法比较简单，操作时要记住单击鼠标创建即可，否则将创建曲线路径，如果要创建水平、垂直或以 45°为增量的直线，可以按住【Shift】键的同时进行单击鼠标。

2. 自由钢笔工具

使用"自由钢笔工具" 可以随意创建路径，直接在画布中拖动鼠标即可创建路径。如图 6-7 所示。在使用"自由钢笔工具"时可以进行属性设置，如图 6-8 所示。

"自由钢笔工具" 工具属性选项栏中的参数介绍如下：

（1）曲线拟合：自动添加锚点的频率，输入的数值越高，所创建的路径锚点越少。

图 6-7　自由钢笔工具绘制曲线

图 6-8　自由钢笔工具属性设置栏

（2）磁性的：当选中"磁性的"复选框，可以激活"磁性钢笔工具"的使用，其使用方法与"磁性套索工具"相同。

（3）宽度：输入 1 ~ 256 的像素值，用来指定磁性钢笔探测的距离，数值越大，磁性钢笔探测的距离越大。

（4）对比：输入 0 ~ 100 的百分比值，用来指定边缘像素间的对比度，数值越大，图像对比度越低。

（5）频率：输入 0 ~ 100 的数值，用来设置钢笔绘制的路径锚点密度，数值越大，路径锚点的密度越大。

（6）钢笔压力：如果使用绘画板，需要勾选此选项。

3. 添加或删除锚点工具

用"添加锚点工具"  在路径上没有锚点的位置单击鼠标即可添加锚点；与其相对应的"删除锚点工具" 可以通过利用在锚点位置单击鼠标将锚点删除。如图 6-9 所示，绘制源路径与添加锚点、删除锚点后的对比效果。

图 6-9　绘制源路径（左）　　　添加锚点后（中）　　　删除锚点后（右）

4. 转换点工具

利用"转换点工具" 可以将平滑点、角点和转角进行相互转换。

（1）若要将角点转换成平滑点，用"转换点工具" 单击"锚点"并拖曳鼠标，使方向线出现即可，如图 6-10 所示。

（2）若要将平滑点转换成角点，用"转换点工具" 单击"平滑点"即可。

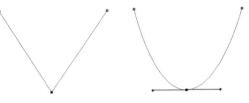

图 6-10　将角点转换成平滑点

（3）若要将平滑点转换成转角，用"转换点工具" 单击"控制点"并拖动，更改控制点的位置或方向线的长短即可，如图 6-11 所示。

5. 连接开放路径

若要连接两条开放路径，可以利用"钢笔工具" 单击开放路径的最后一个锚点，然后单击另一条路径的最后一个锚点，当指针准确定位到锚点上时，鼠标指针将变成如图 6-12 所示。

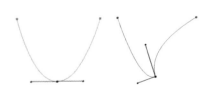 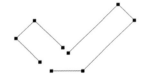

图 6-11　将平滑点转换成转角　　　　图 6-12　连接路径前后对比图

6. 存储路径

利用"自定形状工具" 可以绘制路径，但是当前路径只是临时的"工作路径"，如图 6-13 所示。

若要存储路径，在"路径面板"中单击右上角的菜单按钮 ，在弹出的下拉菜单中选择"存储路径"命令，或双击当前的工作路径，弹出"存储路径"对话框可以设置路径名称，如图 6-14 所示，单击"确定"即可存储路径。

图 6-13　绘制路径　　　图 6-14　设置路径名称

7. 复制路径

（1）在同一路径层中复制子路径

用"路径选择工具" ![] 选中要复制的路径，按住【Alt】键并拖动鼠标即可复制路径，如图 6-15 所示。

（2）复制路径层副本

将选中的路径层拖动至"路径面板"底部的"创建新路径"按钮 ![] 上，即可复制一个路径层副本。

此外，按住【Alt】键的同时，选中的路径层拖曳至"路径面板"底部的"创建新路径"按钮 ![] 上，或者选择要复制的路径层，然后从"路径面板"菜单 ![] 中选"复制路径"，可以在"复制路径"的对话框中给路径命名，如图 6-16 所示。

（3）将路径复制到另一路径层中

将路径复制到另一路径层中，先选择要复制的路径层，并执行"编辑"→"拷贝"命令，然后选择目标路径层，执行"编辑"→"粘贴"命令。

图 6-15　复制路径

图 6-16　复制路径层

8. 变换路径

在当前路径状态下，选择"编辑"→"自由变换路径"命令，可对当前路径进行变换，变换路径的操作和变换选区一样，包括缩放、旋转、扭曲、变形、翻转等，如图 6-17 所示。

变换中的路径四周有一个矩形控制框，直接双击变换控制框或按【Enter】键完成变换。

9. 对齐和分布路径

与图层的对齐和分布相似，在单个路径层中，可以对齐和分布路径层中的各条子路径。

（1）对齐路径

用"路径选择工具" ![] 选择需要对齐的多条（一条以上）子路径，然后从选项栏 ![] 中选择 ![] 对齐选项，对齐前后的对比效果如图 6-18 和图 6-19 所示。

（2）分布路径

用"路径选择工具" ![] 选中子路径（两条以上），然后从选项栏 ![] 中选择 ![] 分布选项，分布前后的对比效果如图 6-20 和图 6-21 所示。

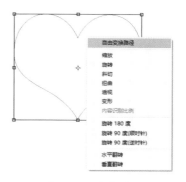

图 6-17　变换路径

图 6-18　对齐路径前

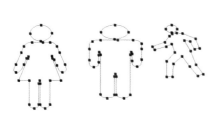

图 6-19　对齐路径后

图 6-20　分布路径前

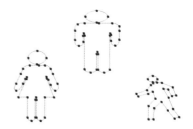

图 6-21　分布路径后

6.2.2 编辑路径

1. 路径选择工具

"路径选择工具" ▶ 用来选择整条路径，使用时只需在路径任意位置上单击鼠标就可移动整条路径，也可以框选其中一组路径进行移动。

◆ Step 01：利用"自定形状工具" 绘制爱心图形的路径，并选择"路径选择工具" ▶ 单击爱心路径，如图 6-22 所示。
◆ Step 02：在爱心路径区域单击鼠标右键，可以对路径进行如图 6-23 所示的操作。
◆ Step 03：用"路径选择工具" ▶ 选中爱心路径，按住【Alt】键同时拖动鼠标就可以复制路径，如图 6-24 所示。

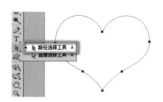  

图 6-22　用"路径选择工具"选中路径　　图 6-23　右击鼠标后的选项图　　图 6-24　复制路径效果图

2. 直接选择工具

"直接选择工具" ▶ 用于选择路径中的锚点，在路径上任意一个锚点单击鼠标，可以随意移动鼠标或调整方向线以改变路径形状，也可以同时框选多个锚点进行操作。

◆ Step 01：绘制爱心路径并利用"直接选择工具" ▶ 选中路径，如图 6-25 所示。
◆ Step 02：用"直接选择工具" ▶ 选中爱心路径上面的锚点，向下拖动鼠标并调整两边的方向线以改变路径的形状，如图 6-26 所示。
◆ Step 03：用"直接选择工具" ▶ 选中变形后的路径，按住【Alt】键同时拖动鼠标也可以复制路径，如图 6-27 所示。

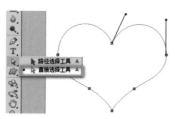  

图 6-25　用"直接选择工具"　　图 6-26　用"直接选择　　图 6-27　用"直接选择工具"
　　　　　选中路径　　　　　　　　　　工具"改变路径形状　　　　　　　复制路径

> ☼ 提示 Tips
>
> 按住【Crtl】键同时单击鼠标左键即可在这两种工具中切换。

3. 路径和选区的转换

（1）将选区转换成路径

利用路径面板底部的"从选区生成工作路径"按钮 可以把选区转换成路径。

◆ Step 01：打开素材"从选区生成工作路径 .jpg"，利用"快速选择工具"  创建选区，如图 6-28 所示。

◆ Step 02：单击"从选区生成工作路径"按钮  即可把选区转换成当前的工作路径，如图 6-29 所示。

图 6-28　创建选区　　　　图 6-29　转换成路径的效果图

（2）将路径转换成选区

同样的，利用路径面板底部的"将路径作为选区载入"按钮  可以把路径转换成选区。

◆ Step 01：利用"钢笔工具"  创建路径，如图 6-30 所示。

◆ Step 02：选中当前的工作路径层，然后单击"将路径作为选区载入"按钮  即可把当前的路径转换成选区，如图 6-31 所示。

图 6-30　创建路径　　　图 6-31　转换成选区后效果图

4．填充路径

（1）"用前景色填充路径"按钮  填充路径

◆ Step 01：绘制如图 6-32 所示的路径。

◆ Step 02：在拾色器  中将前景色设置为 R：25、G：167、B：6，然后在路径面板选择路径，单击"用前景色填充路径"按钮  即可填充路径，如图 6-33 所示。

图 6-32　绘制路径　　　图 6-33　用前景色填充路径

（2）用指定选项填充路径

◆ Step 01：绘制如图 6-34 所示的路径。

◆ Step 02：从以下方法中选择一种弹出"填充路径"对话框，利用指定选项填充路径。

按住【Alt】键并单击"用前景色填充路径"按钮 ，弹出"填充路径"对话框；

按住【Alt】键并将路径拖曳至"用前景色填充路径"按钮 ，弹出"填充路径"对话框；

从路径面板菜单  中选择"填充路径"，弹出"填充路径"对话框。

◆ Step 03：对弹出的"填充路径"对话框进行设置：选择使用"图案"，自定图案选择"自然图案"中的"紫色雏菊"，并单击"确定"按钮，如图 6-35 所示，完成效果如图 6-36 所示。

5．描边路径

（1）"用画笔描边路径"按钮  描边路径

◆ Step 01：绘制如图 6-37 所示的路径。

◆ Step 02：在拾色器  中将前景色设置为 R:255、G:240、B:0，然后在"路径面板"选择路径，单击"用画笔描边路径"  即可填充路径，如图 6-38 所示。

图6-34　绘制路径　　　　　图6-35　填充路径对话框　　　　图6-36　完成效果图

图6-37　绘制路径　　　　　　　　　图6-38　用画笔描边路径

（2）用指定选项描边路径

◆ Step 01：绘制如图6-39所示的路径。

◆ Step 02：选择"画笔工具"  ，并在工具选项栏单击"画笔预设面板"按钮 ，对画笔进行预设，笔尖形状为星形，大小为15px，间距为120%，勾选颜色动态并设置颜色为紫色，如图6-40所示。

◆ Step 03：从以下方法中选择一种弹出"描边路径"对话框，在工具下拉选项中选择"画笔"并单击"确定"，如图6-41所示。

按住【Alt】键并单击"用画笔描边路径"按钮 ，弹出"描边路径"对话框；

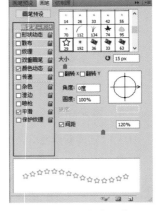

按住【Alt】键并将路径拖曳至"用画笔描边路径"按钮 ，弹出"描边路径"对话框；

从"路径面板"菜单 中选择"描边路径"，弹出"描边路径"对话框。

◆ Step 04：完成效果如图6-42所示。

图6-39　绘制路径　　　　图6-40　设置画笔

图6-41　描边路径对话框　　　　图6-42　完成效果图

6. 路径的布尔运算

路径的布尔运算与前面学习过的选区的布尔运算原理相似，利用路径工具选项栏中的属性选项可以对路径区域进行添加、减去等操作。

（1）"添加到路径区域"按钮 ：将新的路径区域添加到源路径中。

（2）"从路径区域减去"按钮 ：将重叠的路径区域从源路径中减去。

（3）“交叉路径区域”按钮：新路径区域与源路径交叉的区域为最终的路径区域。

（4）“重叠路径区域除外”按钮：新路径区域与源路径区域不相交的区域为最终路径区域。

下面以实例来讲述路径的布尔运算操作方法。

◆ Step 01：利用“自定形状工具”绘制一个较大的星形路径，然后单击“添加到路径区域”按钮，再绘制一个较小的星形路径。

将前景色的参数设置为 R：255，G：0，B：0，在路径面板中选择路径，并单击“用前景色填充路径”按钮即可填充当前的路径，得到效果如图 6-43 所示。

◆ Step 02：用同样的方法绘制一个星形路径，然后单击 “从路径区域减去”按钮，在第一个星形路径区域中再绘制一个较小的星形，同样填充当前路径，效果如图 6-44 所示。

◆ Step 03：绘制一个星形路径，单击“交叉路径区域”按钮后绘制与第一个位置交叉的星形区域，同样填充当前路径，效果如图 6-45 所示。

◆ Step 04：绘制一个星形路径，单击“重叠路径区域除外”按钮绘制与第一个位置交叉的星形区域，同样填充当前路径，效果如图 6-46 所示。

图 6-43　添加路径填充效果

图 6-44　从路径区域减去填充效果

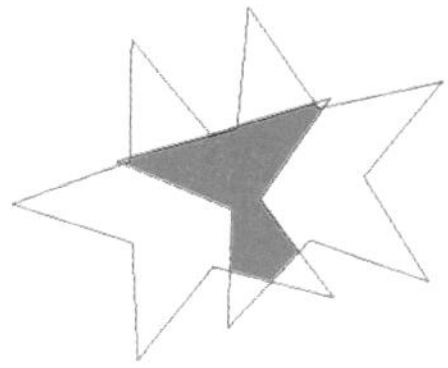
图 6-45　交叉路径区域填充效果

图 6-46　重叠路径区域除外填充效果

6.2.3　形状工具

形状工具的属性选项栏包括三种使用属性：形状图层、路径和填充像素。

（1）“形状图层”按钮：在形状图层模式下创建得到的是矢量蒙版形状路径，如图 6-47 所示。

（2）“路径”按钮：在路径模式下创建得到的是临时的工作路径，如图 6-48 所示。

图 6-47　矢量蒙版路径

图 6-48　工作路径

（3）“填充像素”按钮：在填充像素模式下创建的图形没有路径生成，如图 6-49 所示。

图 6-49　“填充像素”的效果图

1. 矩形工具

“矩形工具”用来创建矩形和正方形路径区域。其使用方法是选择矩形工具在画布中直接拖动鼠标即可绘制一个矩形，矩形工具选项栏的下拉选项如图 6-50 所示。

（1）不守约束：可以绘制任意大小的矩形或正方形。

（2）方形：只能绘制任意大小的正方形。

（3）固定大小：输入固定宽度和固定高度，则会按照固定值来创建矩形。

（4）比例：输入相对宽度和相对高度的比，则会按照此比例来绘制矩形。

（5）从中心：以鼠标指针所在位置作为矩形的中心向外扩展绘制矩形。

（6）对齐像素：矩形的边缘与像素重合，图形的边沿不会出现锯齿。

图 6-50　矩形选项界面

※ 提示　Tips

使用矩形工具同时按住【Shift】键，可以绘制一个正方形；按住【Alt】键可以绘制以起点为中心的矩形；按住【Shift】+【Alt】组合键可以绘制一个以起点为中心的正方形。

2．圆角矩形工具

"圆角矩形工具" ◻ 与矩形工具的使用方法一样，只是比矩形工具多了一个"半径"选项，用来设置圆角的半径，该值越高，圆角就越大，如图 6-51 所示，该圆角矩形的半径是 50px。

3．椭圆工具

使用"椭圆工具" ⬭ 可以创建规则的圆形，也可以创建不受约束的椭圆，其选项界面如图 6-52 所示。

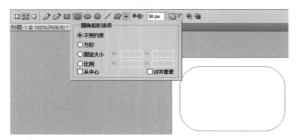

图 6-51　创建圆角矩形

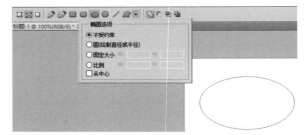

图 6-52　创建椭圆

※ 提示　Tips

与矩形工具的使用方法一样，用"椭圆工具"同时按住【Shift】键，可以绘制圆形；按住【Alt】键可以绘制以起点为中心的椭圆；按住【Shift】+【Alt】组合键可以绘制以起点为中心的圆形。

4．多边形工具

"多边形工具" ⬡ 可以创建多边形和星形，其工具选项界面如图 6-53 所示。

（1）半径：用来设置多边形或星形的半径，如图 6-54 所示为半径大小的对比图。

（2）平滑拐角：用来创建具有平滑拐角的多边形或星形，如图 6-55 所示为是否勾选该选项的对比效果图。

图 6-53　多边形选项界面

（3）星形：可以创建星形。

（4）缩进边依据：当"星形"被勾选时此选项才会激活，用于设置星形的边缘向中心缩进的数量，数值越高，缩进越大，如图 6-56 是该选项设置的对比图。

（5）平滑缩进：当"星形"被勾选时此选项才会激活，它可以使星形的边平滑缩进，如图 6-57 所示为是否勾选该选项的对比效果图。

图 6-54 半径为 2cm 和 3cm 对比图

图 6-55 勾选平滑拐角前后对比图

图 6-56 五边形（左）缩进边依据：50%（中）80%（右）

图 6-57 勾选平滑缩进前后对比图

5. 直线工具

"直线工具" 用来创建直线和带箭头的线段，该工具选项界面如图 6-58 所示。

如图 6-59 所示为直线和不同选项设置的箭头对比图，左边的是粗细为 2px 的直线；中间是勾选了"起点"和"终点"，宽度为 500%，长度为 1000%，凹度为 0% 的双向箭头；右边是宽度为 200%，长度为 500%，凹度为 50% 的双向箭头。

图 6-58 直线 图 6-59 不同设置对比图
工具选项界面

（1）粗细：用来设置直线或者箭头线段的粗细。

（2）起点 / 终点：勾选其中一个，可在直线的起点或终点处添加箭头；同时勾选两个，可以绘制双箭头。

（3）宽度：用于设置箭头宽度与直线宽度的百分比。

（4）长度：用于设置箭头长度与直线宽度的百分比。

（5）凹度：用于设置箭头的凹陷程度。

☼ 提示 Tips

单击鼠标的同时按住【Shift】键可以绘制水平、垂直或以 45° 为增量的直线。

6. 自定形状工具

Photoshop CS5 中自带许多"自定形状工具" 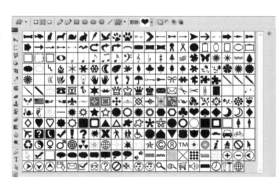，单击该工具的属性下拉菜单，即可打开形状库。如果单击形状库右上角的 ▶ 按钮，在下拉列表中选择"全部"选项，在弹出的提示框中单击"确定"按钮，即可显示全部图形，如图 6-60 所示。

与其他形状工具创建路径的方法一样，先选择"自定形状工具" 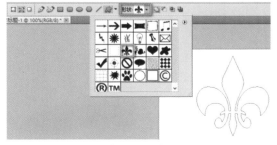，然后在形状库中选中合适的形状，在画布中拖动鼠标即可创建路径，如图 6-61 所示创建了一个形状名为"百合花饰"的路径区域。

图 6-60 形状库的全部图形

6.3 实例

本节介绍如何应用路径制作爱心云彩创意图案，将主要应用形状工具和画笔工具。制作之前需要先调出画笔预设面板，设置想要的纹理和参数。下面介绍制作步骤：

◆ Step 01：打开素材"实例 1. jpg"，效果如图 6-62 所示。

◆ Step 02：用形状工具画出爱心图形的路径，如图

图 6-61 创建"百合花饰"形状路径

6–63 所示。

◆ Step 03：选择"画笔工具" ，单击"画笔预设"按钮 调出画笔面板，将"画笔笔尖形状"设置大小为 50px，硬度 0%，间距 20%，如图 6–64 所示。

◆ Step 04：设置"形状动态"，大小抖动 100%，最小直径 20%（抖动的范围 20% ~ 100%），如图 6–65 所示。

图 6-62　实例 1 素材图　　　　　　　　　图 6-63　绘制爱心路径

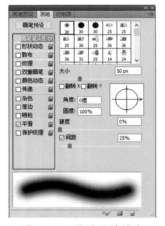

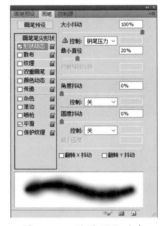

图 6-64　设置画笔笔尖　　　　　　　　　图 6-65　设置形状动态

◆ Step 05：设置"散布"为 120%，数量为 5，数量抖动为 100%，如图 6–66 所示。

◆ Step 06：设置"纹理"为系统默认的云彩纹理，如图 6–67 所示。

图 6-66　设置画笔散布　　　　　　　　　图 6-67　设置画笔纹理

◆ Step 07：上述设置的云彩太浓，没有云彩那种蓬松的感觉，将画笔"不透明度"设置为 50%，"流量"设置为 20%，如图 6-68 所示。

图 6-68　画笔透明度和流量设置

◆ Step 08：利用"路径选择工具" 选中单击路径，使用【Ctrl】+【T】组合键变换路径，将路径旋转合适的角度，如图 6-69 所示，按【Enter】键完成变换。

◆ Step 09：新建图层，如图 6-70 所示。

图 6-69　变换路径　　　　　　　　图 6-70　新建图层

◆ Step 10：在"拾色器" 中将前景色设为白色，单击"画笔工具"按钮 ，再单击"路径面板"，多次单击"用画笔描边路径"按钮 ，爱心云彩制作完成，效果如图 6-71 所示。

图 6-71　最终效果图

本章习题

一、选择题

1. 锚点被选中时是一个（　　）。

A. 实心的方点　　　　　　B. 空心的方点　　　　　C. 实心的圆点　　　　　D. 空心的圆点

2. 在使用钢笔工具绘制直线时，如果想绘制水平、垂直或以 45° 倍数角的直线，可以按住（　　）键的同时进行单击即可。

A.【Alt】　　　　　　　　B.【Ctrl】　　　　　　　C.【Shift】　　　　　　D.【Shift】+【Ctrl】

3. 以下选项中，不属于"路径面板"中的按钮有（　　）。

A. 用前景色填充路径　　　　　　　　B. 用画笔描边路径

C. 从选区生产路径　　　　　　　　　D. 复制当前路径

4. 下列关于路径的描述错误的是（　　）。

A. 路径可以随时转化为浮动的选区

B. 路径调板中路径的名称可以随时修改

C. 路径可以用画笔工具进行描边

D. 当对路径进行颜色填充时，路径不可以创建镂空的效果

5. 有关路径和选区的说法正确的是（　　）。

A. 路径和选区不可以相互转换　　　　B. 路径转换成选区时可用设置羽化参数

C. 路径和选区内都可以填充渐变色　　D. 路径和选区都可以用渐变色描边

二、操作题

1. 打开"练习 1. png"图片素材，制作如图 6-72 所示的效果图。

2. 打开"练习 2. jpg"背景图片素材，制作如图 6-73 所示的霓虹字效果图。

图 6-72　插画的世界效果图　　　　　　　　　图 6-73　霓虹字效果图

第 7 章
文本的输入与编辑

　　在平面设计中，文字不仅能传达信息，还能起到美化版面、点出主题的作用。

　　使用文字工具可以创建各种类型的文字，使用字符面板和段落面板可以更改文字的各种属性。可以对文字进行变形，可以制作各种特效文字，以满足平面设计作品中字体设计的需要。

7.1　输入文字

　　Photoshop 中的文字由基于操作系统自带的字库产生，这些字库都具有矢量的文字轮廓，如果系统自带的字体不能满足设计要求，可以从网上下载或购买新的字库安装到系统中。

　　当使用横排文字工具或直排文字工具输入文字时，图层面板中会自动添加一个新的文字图层。创建文字图层后，可以编辑文字并对其应用图层命令。不过，在对文字图层进行栅格化后，Photoshop 会将基于矢量的文字轮廓转换为像素，栅格化文字不再具有矢量轮廓，并且不能再作为文字进行编辑。

　　当使用横排文字蒙版工具或直排文字蒙版工具输入文字时，版面会迅速进入快速蒙版模式，不会生成新图层，文字输入完成后同样能进行文字排版，选择任意其他的工具时，所输入的文字会自动变成选区，并退出快速蒙版模式。

　　在 Photoshop 中提供了三种文字输入方式，即以点文字的方式输入、以段落文本的方式输入及以路径文字的方式输入。

　　安装新字体的方法：

◆ Step 01：下载或购买字库文件。

◆ Step 02：执行"控制面板"→"外观和主题"→"字体"→"文件"→"安装新字体"即可打开"添加字体"对话框，如图 7-1 所示，选择新字体所在的文件夹，系统会自动搜索可安装的字库，显示在字体列表中。

◆ Step 03：选择要安装的字体单击"确定"按钮，即能将对应字体安装到系统中，如图 7-2 所示。

※ 提示 Tips

　　安装好字体后，不但可以在 Photoshop 中使用该字体，还可以在其他软件中使用（例如 Word、Excel、PowerPoint 等），但应注意新字体仅能在该系统正常显示，其他计算机或系统没有安装该字体时，会自动使用系统已有的字体进行替换，无法正常显示设计者使用的文字。如在 Photoshop 中将文字栅格化成位图，则能在任何系统中正常显示，该内容将在 7.2 节进行详细讲解。

图 7-1　添加字体对话框

图 7-2　安装字体

7.1.1　输入点文字

点文字是一个水平或垂直的文字行，从单击的位置开始，行的长度随着编辑增加或缩短，但不会换行。如果要在图像中添加少量文字，用此方法输入文字是一种有效的方式，具体操作方法如下：

◆ Step 01：打开素材文件"点文字 .jpg"，在工具箱中选择"横排文字工具" 按钮 T，如图 7–3 所示。
◆ Step 02：文字样式设置为 Bell MT，字号设置为 150，文字颜色设置为白色，如图 7–4 所示。

图 7–3　横排文字工具

图 7–4　设置文字参数

◆ Step 03：在图像中单击，为文字设置插入点，输入文字"vocue"，效果如图 7–5 所示。

输入文字过程中，下方出现的水平线条标记的是文字基线。对于直排文字，光标方向会变成 的形状，基线标记同样变成垂直，是所输入文字字符的中心轴。

图 7–5　输入点文字

> **提示 Tips**
>
> 直接打开图片后，使用横排文字工具或直排文字工具输入文字时，系统会自动产生新的文字图层，若用户已经自行新建了空图层，系统会直接把该新图层改成文字图层，文字图层的缩略图是"T"，并用所输入文字代替图层名称。修改或编辑某文字图层中的文字时，不会再新建图层。

7.1.2　输入段落文本

段落文本用于创建和编辑内容较多的文字信息，通常为一个或多个段落。输入段落文本时，文字被限制在定界框内，文字可以在定界框中自动换行，以形成块状的区域文字。文字定界框可以是在图像中划出的一矩形范围，也可以将路径形状定义为文字定界框，通过调整定界框的大小、角度、缩放和斜切来调整段落文本的外观效果，具体操作如下：

◆ Step 01：打开素材文件 "段落文本 .jpg" 和 "段落文本 .txt"，在工具箱中单击 "横排文字工具" 按钮。

◆ Step 02：将鼠标指针移到图像窗口，按下鼠标左键，拖出一个矩形框，通过四周的控制点可调整文字框的大小。如需精确按照某个大小设置，可按住【Alt】键，用横排文字工具单击图片，打开 "段落文本大小" 对话框，输入宽度值和高度值，如图 7-6 所示，单击 "确定" 按钮。

图 7-6　通过 Alt 键打开段落文本设置框

图 7-7　内容溢出标记

◆ Step 03：在虚线的段落文本框中输入文字，或将已有的文字（段落文本 .txt 中的内容）复制粘贴到框内，文字样式设置为 Bell MT，字号设置为 14，文字颜色的 RGB 值设置为 R：185，G：15，B：15。要输入新段落时，可按【Enter】键换段，如果输入的文字超出外框所能容纳的大小，外框上将出现溢出图标（右下角控制点从 ⊡ 变成 ⊞），如图 7-7 所示。

◆ Step 04：为了设计美观，可随时调整外框的大小、旋转或斜切外框，来调整文字显示。

提示 Tips

　　如果需要将特殊的路径框定义为文字定界框，可以使用钢笔工具或形状工具，在图像中绘制路径，来定义段落文本的输入范围。再选择文字工具，将光标放置在路径内，当光标变为 I 形状时单击鼠标，这时将把路径定义为段落文本定界框，在其中输入文字即可，效果如图 7-8 和图 7-9 所示。

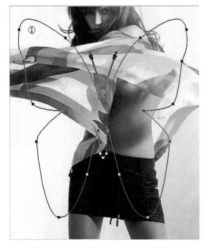

图 7-8　从形状工具绘制路径

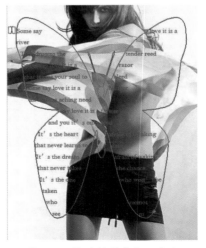

图 7-9　按路径区域输入文字

7.1.3　输入路径文字

路径文字就是可以沿着用钢笔或形状工具创建的工作路径边缘排列的文字，具体操作如下：

◆ Step 01：打开素材文件"路径文字 .jpg"，创建沿着彩色图标的路径。用魔棒工具选择外围灰白色部分，执行"选择"→"反向"命令，选出中间的彩色图标，按路径面板下方的"通过选区生产路径"按钮 ，生成路径。

◆ Step 02：在工具箱中单击"横排文字工具"按钮，在工具栏选项栏中将字体设置为 Calisto MT，字号设置为 30，字体颜色设置为黑色。将鼠标移到路径上，当鼠标显示为 形状时，输入"Windows"，如图 7-10 所示。

图 7-10　输入路径文字

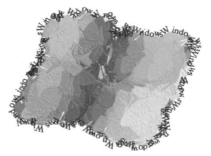

图 7-11　复制路径文字

◆ Step 03：在路径中输入文字同样可以使用拷贝和粘贴，只需选中上一步输入的"Windows"，按【Ctrl】+【C】组合键拷贝，再不断按【Ctrl】+【V】组合键粘贴到后面的路径中，就可以完成如图 7-11 所示的效果。

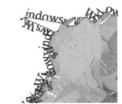

图 7-12　修改文字路径

※ 提示 Tips

　　除了可以先创建路径、再输入文字之外，也可以反过来操作：先输入路径文字，再用工具箱中的"直接选择工具"按钮 ，将鼠标指针放到路径上，单击路径上的锚点或控制点进行拖曳，可以调整路径的形状和方向等，进而影响路径文字的效果，如图 7-12 所示。

7.1.4　创建选区文字

选区文字是通过横排文字蒙版工具或直排文字蒙版工具创建的。文字蒙版与快速蒙版相似，都是一种临时性的蒙版，输入完成后退出蒙版状态，就转化为选区，文字选区显示在现用图层上，可以像其他选区一样进行移动、拷贝、填充或描边，具体操作如下：

◆ Step 01：打开素材文件"选区文字 .jpg"，选择工具箱中的"横排文字蒙版工具"。

◆ Step 02：在图片中输入文字"欢迎学习 Photoshop"，字体设置为黑体，字号设置为 140。文字输入过程中，图片处于快速蒙版状态，效果如图 7-13 所示。

图 7-13　通过横排文字蒙版工具输入文字

◆ Step 03：输入完成后，文字仍处于快速蒙版状态，可在上方文字选项栏修改文字的属性，但选择工具箱中的任一其他工具都会结束快速蒙版模式，使文字变成选区。工具箱中的任何一种选择工具都能移动文字选区的位置，只需要把选择工具移动到字体内部，鼠标变成" "形状，即

第1章
第2章
第3章
第4章
第5章
第6章
第7章
第8章
第9章

可移动。

◆ Step 04：选择工具箱中的"渐变工具"按钮 ，在上方选项框中选择透明彩虹渐变，拖曳出彩虹渐变的颜色，效果如图7-14所示。

图7-14　渐变填充

◆ Step 05：按【Ctrl】+【D】组合键取消选区，完成后，效果如图7-15所示。

直排文字蒙版工具的使用方法与此雷同，不再赘述。

选区文字同样可以设置为点文字、段落文本（如图7-16所示）及路径文字，可根据版面需要自由选择。

图7-15　完成效果图

图7-16　使用横排文字蒙版工具设置段落文本

7.2　编辑文字

在图像输入文字后，还可以对文字进行进一步的编辑和修改，或制作一些特殊效果，如对文字进行变形、将文字转化为形状或栅格化文字图层等，以达到预设的效果。

7.2.1　编辑文字基本属性

文字图层具有可以反复修改的灵活性，对输入的文字属性不满意时，可以选中该文字，重新设置文字属性，以更改文字图层中所选字符的外观。设置文字属性的工具主要有文字选项栏、字符面板及段落面板。

1. 文字选项栏

在工具栏中选择任一文字工具，工作区上方就会显示出文字选项栏，如图7-17所示。

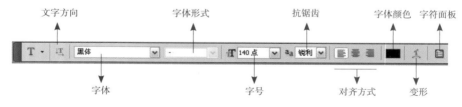

图7-17　文字选项栏

（1）文字方向：重新设置字体方向，横向或垂直。

（2）字体：修改文字字体。

（3）字体形式：一般使用英文字库才出现可选项，包括倾斜（Italic）、加粗（Bold）等，如图7-18所示。

（4）字号：设置字体大小。

（5）抗锯齿：可以轻微调整字体的显示效果，如图7-19所示。

（6）对齐方式：点文本的默认设置为左对齐光标起始点，即后面输入的文字都会出现在起始点右边，单击居中对齐按钮后，点文本将以光标起始点为居中点对齐，输入文字将向两边扩展。对段落文本而言，对齐方式

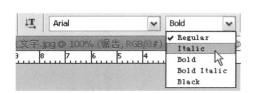

图 7-18　样式设置

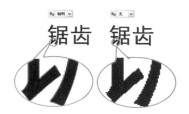

图 7-19　抗锯齿属性设置

与 Word 等应用相似，可靠左、居中、靠右对齐文字框的虚线外框。

（7）字体颜色：设置字体的颜色。

（8）变形：可打开"变形文字"对话框，设置文字变形效果。

（9）字符面板：打开字符面板进行更细致的设置。

2．字符面板

字符面板可以在文字选项栏中打开，也可以执行"窗口"菜单→"字符"命令启动。该面板部分内容与文字选项栏重复，可设置选项更多，如图 7-20 所示。

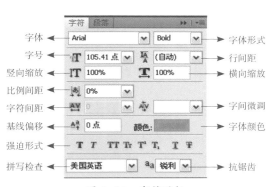

图 7-20　字符面板

（1）行间距：控制文字行之间的距离，默认设为自动，即文字间距将会跟随字号的改变而改变，若为某个固定的数值时则不会随字体改变。因此指定了行间距值时，在更改字号后一般也要再次指定行间距，如果间距设置过小就可能造成行与行的重叠，如图 7-21 所示。

（2）竖向缩放和横向缩放：竖向缩放相当于将字体变高或变矮，横向缩放相当于变胖和变瘦，数值小于 100% 为缩小，大于 100% 为放大，如图 7-22 所示，黑色字母 a 为竖向 200%、黑色字母 b 为横向 200% 的效果。

图 7-21　固定行距的设置

图 7-22　竖向缩放和横向缩放

（3）比例间距和字符间距：这两种间距都是用于更改字符与字符之间的距离，但在原理和效果上却不相同。比例间距计算的是在不改变字体宽度的情况下，对字符间的空隙进行挤压的百分比；字符间距则是由前一个字符中心到下一个字符中心的直接距离值，如图 7-23 所示。

（4）字间微调：字间微调指前后两个字符之间增加或者减少间距值。

（5）基线偏移（也称竖向偏移）：当输入文字的时候，文字下方出现的线条就是文字的基线，基线偏移可使字符离开基线上下移动，常用来调节同等大小字体的上升和下降。

（6）强迫形式：设置字体（包括中文）格式，包括加粗、倾斜、上下标等，与 Word 等软件使用方式相同。

（7）拼写检查：自动检查英文单词、语法等错误。

3．段落面板

段落面板的启动方式与字符面板基本相同，属于同一个内容组，因此在打开字符面板后，就能在旁边的选项卡中找到段落面板，如图 7-24 所示。

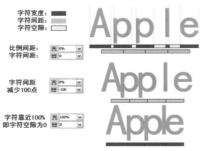

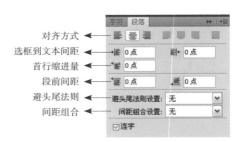

图 7-23　比例间距和字符间距　　　　　　　图 7-24　段落面板

避头尾法则：该法则开启表示系统会自动识别和调整换行的位置，不允许不符合语法的"，""。"等分隔符号成为换行的行首字符。

7.2.2　设置文字变形

在基础的文字编辑后，为了增强文字的效果，可以使用变形文本，具体操作如下：

◆ Step 01：打开"设置文字变形 .psd"素材文件，在工具箱中选择"横排文字工具"，在图中选中文字"超越平凡"。

◆ Step 02：在选项栏中单击"创建变形文字"按钮 工，在弹出的"变形文字"对话框中单击"样式"下拉列表，选择"扇形"选项，如图 7-25 所示。

◆ Step 03：可以根据图像需要调整"变形文字"对话框中的参数，如"弯曲值"设置为 +55%，设置出满意的变形效果后，单击"确定"按钮，即可完成对文字变形的设置，效果图如图 7-26 所示。

图 7-25　设置文字变形　　　　　　　　　图 7-26　文字变形完成效果

7.2.3　转换点文字与段落文本

点文字和段落文本之间可以相互转换，其转换方法为：

◆ Step 01：打开"转换点文字与段落文本 .psd"素材文件，在图层面板中选择"文字"图层。

◆ Step 02：执行"图层"菜单→"文字"→"转换为段落文本"命令（如果要将段落文本设置为点文字，同样可以执行"图层"菜单→"文字"→"转换为点文字"命令）。

另一种方法是右键单击文字图层，在快捷菜单中选择"转换为段落文本"，如图 7-27 所示。

图 7-27　点文字转换为段落文本

第1章

第2章

第3章

第4章

第5章

第6章

第7章

第8章

第9章

※ 提示 Tips

　　将段落文本转换为点文字时，所有溢出外框的字符都将被删除。要避免丢失文本，可以将文字框架调大，使全部文字在转换前都可见。

7.2.4　移动与翻转路径上的文字

创建路径文字后，文字的位置或排列不符合要求时，可以移动或翻转路径上的文字，具体方法如下。

◆ Step 01：打开"移动与翻转路径文字.psd"素材文件，在工具箱中单击"移动工具"按钮 ►╋，即可将路径上的文字移动到如图 7-28 所示的位置。

◆ Step 02：翻转或调整路径文字时，在工具箱中选择"路径选择工具" ▶ 或"直接选择工具" ▶ 皆可，鼠标移到路径上的文字附近，鼠标形状变成 ◆╫ 形状的时候，沿路径拖动文字，可以调整文字与路径的相对位置。

◆ Step 03：要将文本翻转到路径的另一边，只需横跨路径拖动文字，如图 7-29 所示。

图 7-28　移动路径文字

图 7-29　翻转路径文字

※ 提示 Tips

　　如果要在不改变文字方向的情况下，将文字移动到路径的另一侧，应该使用"字符"面板中的"基线偏移"选项，在"基线偏移"文本框中输入一个负值，以便降低文字位置，使其沿圆圈顶部的内侧排列，如图 7-30 所示。

图 7-30　基线偏移

7.3　文字的高级应用

　　文字是设计中非常重要的部分，经常会配合 Photoshop 的其他功能，如：图层、路径、滤镜等内容共同出现，下面通过几个设计实例讲解文字的高级应用及艺术设计。

7.3.1 将文字转化为形状

除了可在变形文字对话框中对文字运行各种变形操作外，还可将文字创建成路径，或者转换成形状对文字运行更加细致精巧的变形操作。在将文字转换为形状时，文字图层被替换为具有矢量蒙版的图层，可以编辑矢量蒙版并对图层应用样式。但是，无法在图层中将字符作为文本进行编辑。文字转化为形状的操作方法为：在图层面板中选择文字图层，然后执行"图层"菜单→"文字"→"转换为形状"命令。

☀ 提示 Tips

不能基于不包含轮廓数据的字体（如位图字体）创建形状。

利用矢量蒙版，可以令文字更具艺术效果，操作如下：

◆ Step 01：新建一个图像文件，宽度为 400px，高度为 200px，分辨率：72ppi。选择横排文字工具，在选择工具栏中将字体设置为华文行楷，字号设置为 120，将文字颜色的 RGB 值设置为 R：79，G：128，B：227，然后在图像窗口输入文字"蔚蓝海"。

◆ Step 02：在"图层面板"选中文字图层，单击"图层"菜单→"文字"→"转化为形状"命令，文字图层被替换为具有矢量蒙版的形状图层，效果如图 7-31 所示。

◆ Step 03：在图层面板中单击矢量蒙版，使其为选择状态。单击"蔚"字的路径，执行"编辑"菜单→"自由变换路径"命令，使"蔚"字变大；利用"直接选择"工具调整"海"字的形状节点位置，效果如图 7-32 所示。

图 7-31　文字转换为形状　　　　　　　　图 7-32　调整文字形状

◆ Step 04：利用"直接选择"工具，选择"蔚"字的曲线节点，将该路径变成选区，再次生成新路径（即将"蔚"字独立产生新路径，保存为"路径 1"，同理，将"海"字保存为"路径 2"），然后再分别将这两个新路径转化为选区，在不同的图层上为选区分别填充上渐变颜色，最后效果如图 7-33 所示（浅蓝的 RGB 值：R：116，G：221，B：255）。

图 7-33　文字化为形状的艺术效果

7.3.2 栅格化文字图层

在 Photoshop 中，使用文字工具输入的文字是矢量图，优点是可以无限放大，不会出现马赛克现象，而缺点是无法使用 Photoshop 中的滤镜，因此使用栅格化命令将文字栅格化，可以制作更加丰富的效果。但是，文字图层被栅格化后，其内容不能再作为文本编辑。栅格化文字操作方法有两种：

1. 在图层面板中，选择文字图层，执行"图层"菜单→"栅格化"→"文字"命令。

2. 在图层面板中，选择文字图层，单击鼠标右键，在快捷菜单中选择"栅格化文字"。

两种方法效果相同。利用栅格化文字，可以制作火焰的效果，方法如下：

◆ Step 01：新建一个 RGB 图像文件，宽度为 400px，高度为 200px，分辨率为 72ppi。背景填充黑色。
选择横排文字工具，在工具选项栏中，字体设为华文新魏、字号设为 120 点，字体颜色设为白色，
输入文字"火焰字"，执行"图层"菜单→"栅格化"→"文字"命令，栅格化文字图层。

◆ Step 02：按住【Ctrl】键，单击"图层面板"火焰字图层的缩览图，选中文字。单击通道面板底部的"根
据选区生成通道"按钮 ◘，将选区存储为 Alpha1，再重新选中"RGB"通道。

◆ Step 03：按【Ctrl】+【D】组合键取消选区。执行"图像"→"图像旋转""90°（逆时针）"命令。
再执行"滤镜"→"风格化"→"风"命令，参数为默认值，单击"确定"按钮。

◆ Step 04：按【Ctrl】+【F】组合键再执行一次滤镜"风"，然后单击"执行"菜单→"图像旋转"→"90°"
（顺时针）"命令，使字体回到正常状态，效果如图 7-34 所示。

◆ Step 05：单击通道面板的"Alpha1"，用通道面板底部的"载入选区"按钮 ◯，载入"Alpha1"选区，
按【Shift】+【Ctrl】+【I】组合键，将选区反转。重新单击 RGB 通道，执行"滤镜"→"扭
曲"→"波纹"，在弹出的"波纹"对话框中设置数量为 65%，大小为中。完成后，可按【Ctrl】
+【F】组合键再执行一次滤镜"波纹"效果，如图 7-35 所示。

◆ Step 06：按【Ctrl】+【D】组合键取消选区，执行"图像"→"模式"→"灰度"命令，将 RGB 色彩
模式先转换为灰度模式后（合并图层，扔掉颜色）；再执行"图像"→"模式"→"索引颜色"
命令，将灰度模式转为索引模式；最后，执行"模式"→"颜色表"命令，在打开的"颜色表"
对话框中选择黑体，完成火焰字效果，如图 7-36 所示。

图 7-34　添加"风"滤镜的
火焰字

图 7-35　使用"波纹"滤镜

图 7-36　火焰字最终效果

7.3.3　特殊图案文字

文字一般是作为矢量图出现的，颜色较为单一，如要制作有复杂底
纹的文字，如图 7-37 所示，可以选择下列几种方法之一实现。

1. 利用图层样式

◆ Step 01：打开"水果文字 .psd"和"水果文字 .jpg"两张图片。

◆ Step 02：在"水果文字 .jpg"中，执行"编辑"→"定义图案…"
命令，把水果图定义为图案。

图 7-37　水果文字

◆ Step 03：回到"水果文字 .psd"中，双击"水果"文字图层，打开图层样式对话框，勾选"投影"效
果；再打开"图案叠加"选项面板，选择填充图案为刚才定义的水果图案，如果水果显得太大，
可以调整图案下方的"缩放"滑块，设置缩放为 60% 左右，即可完成画面效果。

2. 使用图层蒙版

◆ Step 01：打开"水果文字 .psd"，并置入图片"水果文字 .jpg"，使图片出现在顶层，稍微放大水果图片，
使它能覆盖整个文字。

◆ Step 02：隐藏水果图层，选中文字图层，使用"色彩范围"一次性选中文字部分区域（或使用魔棒选择文字区域）。

◆ Step 03：重新显示水果图层，并选择该图层，执行"图层"→"图层蒙版"→"显示选区"命令，创建一个蒙版。

◆ Step 04：为文字图层添加"投影"的图层样式，即可完成。

3. 使用选区复制

◆ Step 01：打开"水果文字 .psd"和"水果文字 .jpg"两张图片，设置两个图片窗体以"双联"方式并排显示。

◆ Step 02：在"水果文字 .psd"中，使用魔棒或色彩范围工具选中"水果"二字，把选区拖动到水果图片内，拷贝选区中的内容，粘贴到"水果文字 .psd"中。

◆ Step 03：为文字图层添加"投影"的图层样式，完成图片效果。

7.3.4　特殊边框文字

使用特殊边框组成文字也是较常见的艺术处理形式，如图 7-38 所示，使用白色点点边框组成了文字"飞翔"。

制作方法如下：

◆ Step 01：打开"飞翔 .jpg"图片，输入文字"飞翔"，设置字体为"华文行楷"，250 点。

◆ Step 02：对文字图层单击右键，把文字转换为形状，在路径面板把"飞翔矢量蒙版"保存为"路径 1"。

◆ Step 03：隐藏文字图层，创建新图层，设置前景色为白色，设置画笔效果，令画笔绘出间距拉大，成为点点效果。

图 7-38　飞翔

◆ Step 04：使用画笔描边路径，完成文字效果。

处理文字对象与处理图形一样，也可以直接按住【Ctrl】键的同时，单击"飞翔"文字图层缩略图，选中文字部分，把选区转换成路径再进行描边，不再赘述。

7.3.5　立体文字

从 Photoshop CS4 开始出现了 3D 立体功能，Photoshop CS5 同样可以使用，使文字产生立体效果，如图 7-39 所示，就使用了这种功能。类似 3ds Max，立体对象的顶端、侧面纹理都要通过素材贴图完成。

具体制作步骤如下：

◆ Step 01：打开"云层 .jpg"图像，使用文字工具输入"PS"两个字，字体为 Franklin Gothic Heavy，字体大小为 260 点，如图 7-40 所示。

图 7-39　立体文字特效

图 7-40　输入文字

◆ Step 02：执行"3D"→"凸纹"→"文本图层"命令，系统
会要求把文字栅格化，单击"确定"即可，如图 7-41
所示。

◆ Step 03：在弹出的对话框中，设置凸出的深度为 5，缩放
为 0.4，在右边的材质中选择"棉织物"，如图
7-42 所示。设置完成后，推动右边的 3D 图，调整
3D 效果到需要的样子，如图 7-43 所示。

图 7-41　生成 3D 文本

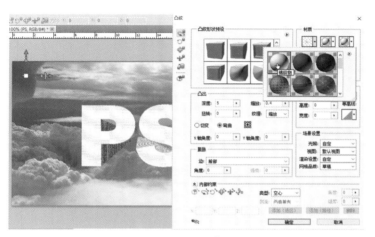

图 7-42　设置参数

图 7-43　调整 3D 效果

◆ Step 04：完成基本效果设置后，单击"确定"，
并把图像调整到图片合适的位置。接下
来要为 3D 文字添加纹理。执行菜单"窗
口"→"3D"命令打开 3D 场景面板。
选择"PS 前膨胀材质"，即 3D 效果顶端，
在漫射选项中选择"载入纹理"，加载"砖
墙顶部 .jpg"图片，如图 7-44 所示。

图 7-44　设置顶端纹理

◆ Step 05：完成顶部纹理后，选择"PS 凸出材质"，
同样在漫射中载入纹理"砖墙 .jpg"图片，

不过，加载图片后显得不够自然，如图 7-45 所示，可以在漫射中选择"编辑属性"，在弹出
的"纹理属性"对话框中设置 U 比例为 3，V 比例为 5，如图 7-46 所示。

图 7-45　编辑材质属性

图 7-46　编辑纹理属性

◆ Step 06：完成材质设置后，添加一个图层，设置前景色为云层颜色，用画笔简单绘制一些颜色，画笔硬度为 0%，覆盖文字底端，使文字底端若隐若现、如从云层中穿过，如图 7-47 所示。

◆ Step 07：最后为图案添加人物，完成图像。

图 7-47　绘制云层

本章习题

一、选择题

1. 下列文字图层中的文字属性，哪些不可以进行修改和编辑（　　）。

A. 文字颜色　　　　　　　　　　　　B. 文字内容，如加字或减字

C. 文字大小　　　　　　　　　　　　D. 其中某个文字的形状

2. 关于文字图层执行滤镜效果的操作，下列哪个描述是正确的（　　）。

A. 必须执行"图层"→"栅格化"→"文字"命令，才能使用滤镜命令

B. 直接选择一个滤镜命令，在弹出的栅格化提示框中单击"是"按钮

C. 必须确认文字图层与其他图层没有链接，然后才可以选择滤镜命令

D. 必须使得这些文字变成选择状态，然后才能使用滤镜命令

3. 点文字可以通过下面哪个命令转换为段落文本（　　）。

A. "图层"→"文字"→"转换为段落文本"

B. "图层"→"文字"→"转换为形状"

C. "图层"→"图层样式"

D. "图层"→"图层属性"

4. 段落文本的哪个属性不能通过调整文字区域修改（　　）。

A. 区域大小　　　　　B. 倾斜角度　　　　　C. 换行位置　　　　　D. 字体大小

5. 如图 7-48 所示是文字沿工作路径排列的效果图，其中关于 A、B、C 三个控制点的描述，正确的是（　　）。

A. A、B、C 为圆弧路径形状的控制点，不是文字的控制点

B. A 表示路径文字的起点，C 表示终点，B 表示中点

C. A 表示路径文字的起点，C 表示终点，B 为圆弧路径形状的控制点

D. 只有文字的段落格式为"居中文本"，才会出现 B 控制点

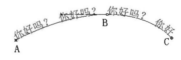

图 7-48　路径文字

6. 关于 Photoshop 文本功能描述正确的是（　　）。

A. 对文本应用了段落属性，再将文本栅格化进行输出时，将不受分辨率变化影响

B. 将文本图层转化为形状图层后，在缩放过程中不会破坏文本边缘的光滑性

C. 将文本栅格化后才可以添加图层蒙版

D. 将文本图层转化为形状图层后，可使用钢笔类工具对矢量蒙版路径外观进行调整

7. 要将红色的文字改变颜色成橙色，下列方法描述正确的是（　　）。

A. 栅格化文字，使用画笔涂上橙色

B. 将前景色设置成橙色，填充前景色

C. 将前景色设置成橙色，使用油漆桶工具填充

D. 使用文字工具选择需要改变颜色的文本，单击设置前景色按钮更改颜色

8. 将文字图层转换成形状，下列方法哪些是正确的（　　）。

A. 将文字图层拖动到图层面板底端的"新建图层"按钮上

B. 与矢量图层合并

C. 对文字图层单击鼠标右键，在快捷菜单中选择"转换为形状"

D. 在文字图层上添加一个矢量图形

9. 如图 7-49 所示，图中的文字变形效果是由"创建文字变形"按钮完成的，该效果采用了哪个选项（　　）。

A. 鱼形　　　　　　　B. 膨胀　　　　　　　C. 凸起　　　　　　　D. 拱形

图 7-49　文字变形

二、操作题

1. 利用"枫叶 .jpg"图片素材，制作如图 7-50 所示的文字效果，字体是华文行楷，字号为 250 点，有棕色描边效果和投影效果。

图 7-50　青花瓷文字效果

2. 新建一个 400×250 像素的图片，将文字图层栅格化，利用形状工具、画笔等，再用图层添加倒影效果，制作出如图 7-51 所示的文字效果，字体为幼圆，字号为 150。

图 7-51　文字栅格化艺术效果

3. 打开素材"设计豆粒文字 .jpg"，利用图层、路径和文字工具制作如图 7-52 所示的豆粒文字效果，其中字体为 Britannic Bold，字号为 200。

图 7-52　豆粒文字效果

第 8 章
滤镜的应用

滤镜是 Photoshop CS5 中功能比较丰富、效果比较独特的工具之一，主要用于制作图像的特殊效果。

8.1 初始滤镜

滤镜也可以称为"滤波器"，是一种特殊的图像效果处理技术，作用是用于丰富照片的图像效果。滤镜能够创建各种各样精彩绝伦的图像。有的仿制现实中的事物，可以以假乱真；有的可以作出虚幻的景象。滤镜的组合更是能产生出千变万化的图像。主要是通过对图像综合进行位移、色彩和亮度等参数设置，从而使图像显示出所需要的变化效果。

8.1.1 滤镜的分类

在 Photoshop CS5 中滤镜主要分为两部分：一部分是内置滤镜，此类滤镜是自 Photoshop 4.0 发布以来直至 CS5 版本始终存在的一类滤镜，其数量有上百个之多，被广泛应用于纹理制作、图像效果修整、文字效果制作、图像处理等各个方面；另一部分是特殊滤镜，此类滤镜由于功能强大、使用频繁，加之在滤镜菜单中位置特殊，被称为特殊滤镜，其中包括"液化""镜头校正""消失点"和"滤镜库"4 个命令。

8.1.2 滤镜的使用方法和技巧

Photoshop CS5 中的滤镜全部放在滤镜菜单中，各种滤镜的使用方法基本相同。只需先打开所需图像窗口，然后选择滤镜菜单中相应的命令，再在弹出的对话框中设置适当的参数，最后单击"确定"按钮即可。

滤镜的使用规则如下：

（1）图像上有选区，Photoshop 针对选区进行滤镜处理；没有选区，则对当前图层或通道起作用。局部图像应用滤镜时，可羽化选区，使处理的区域能自然地与相邻部分融合。

（2）滤镜的处理效果是以像素为单位的，应用滤镜的对话框上没有注明度量单位的，均以"像素"为默认单位。

（3）滤镜的处理效果与图像分辨率有关。因而，用相同参数处理不同分辨率的图像，其效果会有不同。

（4）在位图和索引模式下，图像中不能应用滤镜。此外，在 CMYK 和 Lab 模式下，部分滤镜组不能使用，例如，"画笔描边""素描""纹理"和"艺术效果"等。

（5）在使用滤镜时要仔细选择，以免因为变化幅度过大而失去滤镜的风格。另外，还应根据艺术创作的需要，有选择性地进行。

滤镜的使用技巧如下：

（1）可以对单独的某一图层使用滤镜，然后通过色彩合成图像。

（2）可以对单一的颜色通道或者 Alpha 通道执行滤镜，然后合成图像，或者将 Alpha 通道中的滤镜效果应用到主画面中。

（3）执行"滤镜"命令以后，执行"编辑"→"渐隐"命令，可打开"渐隐"对话框。在该对话框上，可以调整应用滤镜后图像的"不透明度"及与原图像的"（混合）模式"等。

8.2 智能滤镜的应用

在 Photoshop CS5 中除了可以直接为图像添加滤镜效果外，还可以先将图像转换为智能对象，然后为智能对象添加滤镜效果。应用于智能对象的滤镜为"智能滤镜"，具体操作如下：

◆ Step 01：打开素材文件"智能滤镜 .psd"，选中名为"妇女节快乐"的图层，如图 8-1 所示。

◆ Step 02：创建智能滤镜。执行菜单栏中的"滤镜"→"转换
为智能滤镜"命令，此时会弹出如图 8-2 所示的
系统提示对话框。单击"确定"按钮，将图层中的
对象转换为智能对象，并在图层预览图上显示"智
能对象"图标  ，然后可以为智能对象添加滤镜
效果。

这里为图层添加海报边缘滤镜效果，选择菜单栏中的"滤镜"→"艺
术效果"→"海报边缘"命令，弹出"海报边缘"对话框，如图 8-3 所示。
在对话框中设置参数，这里采用默认设置，单击"确定"按钮应用滤镜。
刚添加的智能滤镜将显示在图层面板中，智能对象图层下方的智能滤
镜行下方，如图 8-4 所示。

图 8-1　智能滤镜素材

图 8-2　提示对话框

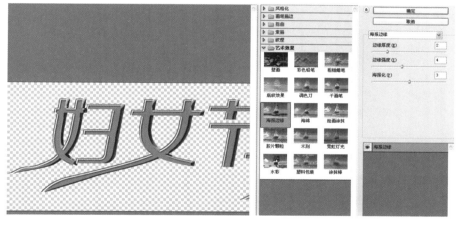

图 8-3　"海报边缘"对话框

图 8-4　智能滤镜列表

※ 提示 Tips

如果在添加智能滤镜前，图像中存在选区，那么添加的智能滤镜效果将限制在选区区域。

◆ Step 03：停用 / 启用智能滤镜。单击"海报边缘"智能滤镜前的眼睛图标 👁，即可将滤镜效果隐藏，
图像恢复为原始状态；也可以执行菜单栏中的"图层"→"智能滤镜"→"停用智能滤镜"（或
"启用智能滤镜"）命令。

※ 提示 Tips

如果单击智能滤镜行前的眼睛图标 👁，则会将应用于智能对象图层上的所有智能滤镜隐藏。

◆ Step 04：编辑智能滤镜。在图层面板中双击"海报边缘"滤镜，可在弹出的"海报边缘"对话框中对
滤镜进行设置。如果双击滤镜右边的"双击以编辑滤镜混合选项"图标 ⇄，弹出"混合选项"

对话框，如图 8-5 所示，在对话框中可设置智能滤镜混合选项参数。

切换到"通道"面板，在面板中自动产生一个"妇女节快乐滤镜蒙版"通道，如图 8-6 所示。

图 8-5　滤镜混合选项对
话框　　　　　图 8-6　"妇女节快乐
滤镜蒙版"通道

在通道中编辑，选中该通道，设置前景色为黑色，使用画笔工具涂抹不需要应用滤镜效果的区域，如图 8-7 所示。

图 8-7　编辑"妇女节快乐滤镜蒙版"通道

※ 提示 Tips

　　如果前景色设置为白色，则将显示滤镜效果。

◆ Step 05：删除智能滤镜。如果要删除一个智能滤镜，选中图层面板，在要删除的智能滤镜名称上单击
　　　　　　鼠标右键，弹出快捷菜单如图 8-8 所示，执
　　　　　　行"删除智能滤镜"命令。如果要删除智能滤
　　　　　　镜上所有的滤镜，可在智能滤镜上单击鼠标右
　　　　　　键，弹出快捷菜单如图 8-9 所示，执行"删
　　　　　　除滤镜蒙版"命令。

图 8-8　删除智能滤
镜快捷菜单　　　图 8-9　删除所有
智能滤镜快捷菜单

也可直接将要删除的智能滤镜拖曳至图层面板底部的"删
除图层"按钮 上，或执行菜单栏中的"图层"→"智能滤镜"→"删除滤镜蒙版"命令。

※ 提示 Tips

　　需要清除所有的智能滤镜，可以使用两种方式：一种是右键单击智能滤镜，在弹出的快捷菜单中选择"清除智能滤
镜"选项；另一种是执行菜单栏中的"图层"→"智能滤镜"→"清除智能滤镜"命令。

8.3 特殊滤镜的应用

特殊滤镜是相对众多滤镜组中的滤镜而言的，其相对独立，但功能强大，使用频率也高。在 Photoshop CS5 中有 4 个特殊的滤镜命令，分别为"滤镜库""液化""消失点"和"镜头校正"。

8.3.1 滤镜库

滤镜库是 Photoshop CS5 滤镜的一个集合体，在此对话框中包含了绝大部分的内置滤镜，包括风格化、画笔描边、扭曲、素描、纹理和艺术效果滤镜组。

打开素材文件"滤镜库 .jpg"，执行菜单栏中的"滤镜"→"滤镜库"命令，弹出"滤镜库"对话框，如图 8-10 所示。对话框的左侧是滤镜效果预览区，中间是 6 组滤镜列表，右侧是参数设置和效果图层编辑区。

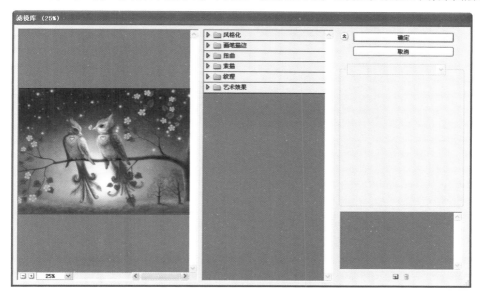

图 8-10 "滤镜库"对话框

1. 预览区

预览区可预览滤镜效果，在预览框中可对图像进行放大或缩小，方法是单击预览框左下角的 ⊟ 按钮和 ⊞ 按钮，或单击 $\boxed{100\% \blacktriangledown}$ 右侧的下三角按钮，在弹出的下拉列表中选择缩放比例。

> ☀ **提示 Tips**
>
> 在"滤镜库"对话框中也可以按【Ctrl】+【+】组合键放大预览框中的图像，按【Ctrl】+【−】组合键缩小预览框中的图像。

2. 选择滤镜效果

在"滤镜库"对话框中单击滤镜组文件夹左侧的 ▷ 按钮将其展开，在展开的滤镜项中选择需要的滤镜；也可以在"滤镜库"对话框右侧的下拉列表中选择需要的滤镜，如图 8-11 所示，下拉列表包含了"滤镜库"中所有的滤镜。

3. 新建和删除效果图层

通过"滤镜库"对话框不仅可以创建单个滤镜，还可以为一幅图像同时添加多个滤镜效果。实现这个功能主要通过滤镜图层管理框进行管理，滤镜图层管理框如图8-12所示。

　　单击"新建效果图层"按钮 🔳，可以添加效果，选择要删除的效果图层，单击"删除效果图层"按钮 🔳，即可将其删除。当滤镜图层管理框中只有一个效果图层时，不能进行删除操作。

图8-11　"滤镜库"　　　　图8-12　滤镜图层管理
对话框的下拉列表　　　　　　　框

8.3.2　液化滤镜

　　使用液化滤镜可以逼真地模拟液体流动的效果，可用于推、拉、旋转、反射、折叠和膨胀图像的任意区域，非常方便地制作图像变形、流淌、扭曲、褶皱、膨胀和对称等效果，但是该滤镜不能在索引、位图和多通道色彩模式的图像中使用。液化滤镜是修饰图像和创造艺术效果的强大工具。

　　打开素材文件"液化和模糊.jpg"，执行菜单栏中的"滤镜"→"液化"命令，弹出"液化"对话框，如图8-13所示。

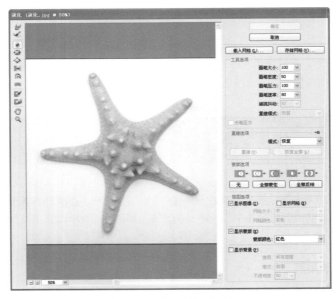

图8-13　"液化"对话框

第
1
章

第
2
章

第
3
章

第
4
章

第
5
章

第
6
章

第
7
章

第
8
章

第
9
章

在预览框中可对图像进行放大或缩小，方法是单击预览框左下角的 ⊟ 按钮和 ⊞ 按钮，或单击 `100%` ⊡ 右侧的下三角按钮，在弹出的下拉列表中选择缩放比例。也可以按【Ctrl】+【+】组合键放大预览框中的图像，按【Ctrl】+【-】组合键缩小预览框中的图像。

1. 工具箱

液化工具箱中包含的 12 种应用工具。选择这些工具后，在对话框中的图像上单击并拖曳鼠标涂抹即可进行变形处理。下面分别对这些工具加以介绍。

（1）向前变形工具 ：将图像沿着鼠标行进的方向拉伸。作用范围以画笔大小为准，如图 8–14 所示。

（2）重建工具 ：使用该工具在变形的区域单击鼠标或拖曳鼠标进行涂抹，可以使变形区域的图像恢复到原始状态。

（3）顺时针旋转扭曲工具 ：使用该工具在图像中单击鼠标或移动鼠标时，图像会被顺时针旋转扭曲，如图 8–15 所示。当按住【Alt】键单击鼠标时，图像则会被逆时针旋转扭曲。

（4）褶皱工具 ：在图像中单击鼠标或移动鼠标时，可以使像素向画笔中间区域的中心移动，使图像产生收缩的效果，如图 8–16 所示。

（5）膨胀工具 ：使用该工具在图像中单击鼠标或移动鼠标时，可以使像素向画笔中心区域以外的方向移动，使图像产生膨胀的效果，如图 8–17 所示。

图 8–14　向前变形工
具的效果

图 8–15　顺时针旋转
扭曲

图 8–16　使用褶皱工
具的效果

图 8–17　使用膨胀工
具的效果

（6）左推工具 ：该工具的使用可以使图像产生挤压变形的效果。使用该工具垂直向上拖曳鼠标时，像素向左移动，如图 8–18 所示；向下拖曳鼠标时，像素向右移动，如图 8–19 所示；当按住【Alt】键垂直向上拖曳鼠标时，像素向右移动；向下拖曳鼠标时，像素向左移动；若使用该工具围绕对象顺时针拖曳鼠标，可增加其大小，若逆时针拖曳鼠标，则减小其大小。

（7）镜像工具 ：使用该工具在图像上拖曳可以创建与描边方向垂直区域影像的镜像，即类似于水中倒影的效果。

图 8–18　向上拖动鼠
标的效果

图 8–19　向下拖动鼠
标的效果

选取该工具后，按住鼠标左键的同时向下拖曳鼠标，Photoshop 会复制左方的图像；向上拖曳鼠标时，则复制右方的图像；向左拖曳鼠标时，复制上方的图像，向右拖曳鼠标时，则复制下方的图像。

拖动鼠标时，鼠标不要离复制的图像太远，否则无论怎样拖动鼠标都不能进行复制。

（8）湍流工具 ：使用该工具可以平滑地混杂像素，产生类似火焰、云彩、波浪等效果，如图 8–20 所示。

（9）冻结蒙版工具 ：使用该工具可以在预览窗口绘制出冻结区域，在调整时，冻结区域内的图像不会受到变形工具的影响。

（10）解冻蒙版工具 ：使用该工具涂抹冻结区域能够解除该区域的冻结。

此外还有抓手工具和缩放工具，主要用于图像的缩放和移动。

图 8-20　湍流工具的效果

2．工具选项

液化对话框"工具选项"区域中可设置画笔的大小和压力程度等参数，如图 8-21 所示。

（1）画笔大小：用来设置扭曲图像的画笔宽度。

（2）画笔密度：用来设置画笔边缘的羽化范围。

（3）画笔压力：用来设置画笔在图像上产生的扭曲速度，较低的压力适合控制变形效果。

（4）画笔速率：用来设置重建、膨胀等工具在画面上单击时的扭曲速度，该值越大，扭曲速度越快。

（5）湍流抖动：只对湍流工具有效，控制其波浪化的程度。

（6）重建模式：用来设置重建工具如何重建预览图像区域。

图 8-21　"工具选项"区域

（7）光笔压力：比较特别，相当于不透明度，默认为100，如果下降压力则会降低液化工具的使用效果，如果设为1的话则几乎看不到效果。如果不希望液化工具造成太剧烈的效果可更改此设置。但要注意一点，它对每个工具都有效，这其中也包括冻结工具，这就意味着使用冻结工具保护起来的区域，也许还是会被液化工具所改变，因此在使用冻结工具的时候应该将其设置为100。另外，由于画笔密度的设定会造成边缘部分的模糊，而这个模糊实际上就等同于压力的降低，所以就算是压力100的冻结区域，其边缘部分也还是有可能被更改。

3．重建选项

在"重建选项"区域中可撤销图像扭曲效果，使图像恢复到被扭曲前的样子。具体操作方法是在"模式"下拉列表选择一种重建模式，然后单击"重建"按钮，按照所选模式恢复图像。如果要取消所有的扭曲效果，将图像恢复为变形前的状态，可单击"恢复全部"按钮。

8.3.3　消失点滤镜

Photoshop CS5 的消失点滤镜可以简化在包含透视平面（如建筑物的侧面、墙壁、地面等）的图像中进行透视校正编辑的过程。在消失点中，用户可以定义透视参考线，在图像中指定平面，然后应用绘画、仿制、拷贝或粘贴以及变换等编辑操作。当修饰、添加或移去图像中的内容后，结果将更加逼真，因为可正确确定这些编辑操作的方向，并且将它们缩放到透视平面上。完成在消失点中的工作后，可以继续在 Photoshop 中编辑图像。具体操作如下：

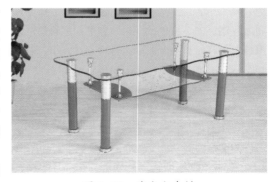

图 8-22　消失点素材

◆ Step 01：打开素材文件"消失点主图 .jpg"，如图 8-22 所示。

◆ Step 02：打开素材文件"消失点花纹 .jpg"，然后按【Ctrl】+【A】组合键全选图像，按【Ctrl】+【C】组合键复制整个图像进剪切板，如图 8-23 所示，然后关闭"消失点花纹 .jpg"文件。

图 8-23　消失点花纹素材

◆ Step 03：回到素材文件"消失点主图.jpg"界面，在菜单栏中执行"滤镜"→"消失点"命令，弹出"消失点"对话框，如图 8-24 所示。

◆ Step 04：在"消失点"对话框的工具箱中选择"创建平面工具" ，在预览窗口中单击 4 个角节点，绘制一个平面透视网格，如图 8-25 所示。

图 8-24　"消失点"对话框　　　　　　　　　　图 8-25　平面透视网格

提示 Tips

"创建平面工具"按钮 可定义平面的 4 个角节点，调整平面的大小和形状，按住【Ctrl】键拖曳平面的边节点可拉出一个垂直平面。

◆ Step 05：选取"消失点"对话框中的"编辑平面工具"按钮 ，使用该工具调整透视网格各控制点的位置，使透视网格的形状与茶几面的透视相吻合，然后将"网格大小"设置为500，使网格成为一个格子，如图 8-26 所示。

◆ Step 06：选取"消失点"对话框中的"选框工具"按钮 ，并在对话框顶部的属性栏中设置"羽化"值为 10，"不透明度"值为40，"修复"选项为"开"。然后在透视网格内拖动绘制一个与网格同样大小的矩形，如图 8-27 所示。

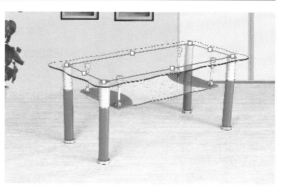

图 8-26　设置网格大小后的效果

图 8-27　选框工具绘制的矩形

※ 提示 Tips

　　"选框工具"按钮 ⊡ 在平面中单击并拖曳可选择该平面上的区域，按住【Alt】键拖曳选区可将区域复制到新目标，按住【Ctrl】键拖曳选区可用源图像填充该区域。

◆ Step 07：按【Ctrl】+【V】组合键，将花纹粘贴进来，如图 8-28 所示。

◆ Step 08：按住鼠标左键，将花纹图案拖曳到选区内，此时花纹图案自动与透视选区相适应，如图 8-29 所示。

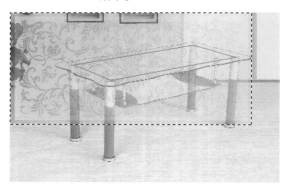

图 8-28　粘帖花纹后的效果

图 8-29　花纹与透视区相适应效果图

◆ Step 09：选取"消失点"对话框中的"变换工具"按钮 ⊞，对花纹图案进行缩放调整，以达到美观效果，最后单击"确定"按钮，即得到最终效果，如图 8-30 所示。

图 8-30　使用消失点滤镜的最终效果

"消失点"对话框中"图章工具"按钮 🏛 只能使用图像中的一个样本绘制，不能仿制其他图像中的元素。按住【Alt】键在图像中单击，设置取样点，然后在要填充的区域单击，拖动鼠标即可复制图像。按住【Shift】键单击可以将描边扩展到上一次单击处。该工具属性栏中的"修复"模式的选取原则为，如果要绘画不与周围像素的颜色、光照和阴影混合，应选择"关"；如果要绘画并将描边与周围像素的光照混合，同时保留样本像素的颜色，应选择"亮度"；如果要绘画并保留样本图像的纹理，同时与周围像素的颜色、光照和阴影混合，则选择"开"。

8.3.4 镜头校正滤镜

使用镜头校正滤镜可以方便地校正图像中因照相机镜头变形失真形成的缺陷，特别在拍摄高大建筑时，由于相机的透视作用（近大远小），会使建筑物从两边向中间倾斜，造成不平衡感，影响照片的艺术美感。具体操作如下：

◆ Step 01：打开素材文件"镜头校正 .jpg"，执行菜单栏中的"滤镜"→"镜头校正"命令，弹出"镜头校正"对话框，如图 8-31 所示。

图 8-31 "镜头校正"对话框

◆ Step 02：单击"镜头校正"对话框中"移动网格工具"按钮 🖐️，为图像添加网格，拖曳网格，使之对齐图像中没变形的垂直参照线，为下面调整变形作参考。

◆ Step 03：选中"镜头校正"对话框中的"自定"选项，在"变换"选项里的"垂直透视"栏中输入数值 -40，使图像上部分往左右拉伸，"水平透视"栏中输入数值 0，"角度"中输入数值 357。

◆ Step 04：单击"确定"按钮，最终效果如图 8-32 所示。

图 8-32 镜头校正的最终效果

8.4　常用滤镜效果的应用

在 Photoshop CS5 中有很多常用的滤镜，如"风格化"滤镜、"模糊"滤镜、"杂色"滤镜等。下面将介绍"滤镜"菜单中常用的滤镜组。

8.4.1　风格化滤镜组

风格化滤镜组主要作用于图像的像素，可以强化图像的色彩边界，使图像产生绘画或印象派风格的艺术效果，图像的对比度对此类滤镜的影响较大。该滤镜组共包含以下 9 个滤镜。打开素材文件"风格化 .jpg"，应用滤镜前后的图像效果对比如图 8-33 所示。

（1）查找边缘：该滤镜主要用来搜索颜色像素对比度变化剧烈的边界，将高反差区变亮，低反差区变暗，将硬边变成线条，柔边变粗，形成一个厚实的轮廓。

（2）等高线：该滤镜在图像中围绕每个通道的亮区和暗区边缘勾画轮廓线，从而产生三原色的细窄线条。在"等高线"对话框中可以设置"色阶"和"边缘"选项。

（3）风：该滤镜通过在图像中增加一些细小的水平线生成起风的效果。在"风"对话框中可设置 3 种（"风""大风""飓风"）起风方式以及 2 种（"从左"和"从右"）起风方向。

（4）浮雕效果：该滤镜通过勾画图像或所选区域的轮廓和降低周围色值来生成浮雕效果。

（5）扩散：搅动图像的像素，按规定的方式有机移动，产生类似透过磨砂玻璃观看图像的效果。

（6）拼贴：将图像按指定的值分裂为若干个正方形的拼贴图块，并按设置的位移百分比值进行随机偏移。

（7）曝光过度：产生图像正片和负片混合的效果，类似摄影中增加光线强度产生的过度曝光效果。

（8）凸出：将图像分割成一系列大小相同，且有机重叠放置的三维立方块或棱锥体。

（9）照亮边缘：搜索主要颜色变化区域，加强其过渡像素，使图像的边缘产生发光效果。

原图　　　　　　　　　　　查找边缘

等高线　　　　　　　　　　风

图 8-33　风格化滤镜效果对比图

| 浮雕效果 | 扩散 |

| 拼贴 | 曝光过度 |

| 凸出 | 照亮边缘 |

图 8-33　风格化滤镜效果对比图（续）

8.4.2　画笔描边滤镜组

画笔描边滤镜组主要模拟使用不同的画笔和油墨进行描边所创造出的绘画效果，共 8 个滤镜，应用滤镜前后的图像效果对比如图 8-34 所示。

各滤镜的作用如下：

（1）成角的线条：利用一定方向的笔画表现油墨效果，从而制作出如同用油墨笔在对角线上绘制的效果。

（2）墨水轮廓：以钢笔画的风格，用纤细的线条在原细节上重绘图像。

（3）喷溅：产生画面颗粒飞溅的沸水效果。

（4）喷色描边：使用图像的主导色，用成角的、喷溅的颜色线条重新绘画图像。

（5）强化的边缘：强调图像边线，形成颜色对比的图像。

（6）深色线条：使图像产生一种很强烈的黑色阴影效果。

（7）烟灰墨：可表现出木炭或墨水被宣纸吸收后洇开的效果。

（8）阴影线：使图像产生用交叉网线描绘或雕刻的效果。

原图
图 8-34　画笔描边滤镜效果对比图

161

成角的线条 墨水轮廓

喷溅 喷色描边

强化的边缘 深色线条

烟灰墨 阴影线

图 8-34　画笔描边滤镜效果对比图（续）

8.4.3　模糊滤镜组

模糊滤镜组主要作用是使选区或图像变得柔和，淡化图像中不同色彩的边界，以达到掩盖图像缺陷或创造出特殊效果的作用，应用滤镜前后的图像效果对比如图 8-35 所示。

（1）表面模糊：将图像表面设置成模糊效果。

（2）动感模糊：对图像沿着指定的方向（-360°～360°），以指定的强度（1～999）进行模糊处理。

（3）方框模糊：使需要模糊的区域以小方框的形式进行模糊。

（4）高斯模糊：按指定的值快速模糊选中的图像部分，产生一种朦胧的效果。

（5）进一步模糊：对图像做强烈的柔化处理，其模糊程度是模糊滤镜的3~4倍。

（6）径向模糊：模拟移动或旋转的相机产生的模糊效果。

（7）镜头模糊：可以表现出类似于使用照相机镜头的模糊效果。

（8）模糊：产生轻微模糊效果，可消除图像中的杂色，如果只应用一次效果不明显，可重复应用。

（9）平均：可根据图像中颜色最多的颜色进行模糊处理，使模糊后的颜色呈现一种颜色。

（10）特殊模糊：可以产生多种模糊效果，使图像的层次感减弱。

（11）形状模糊：可将选择的形状应用到图像的模糊效果中。

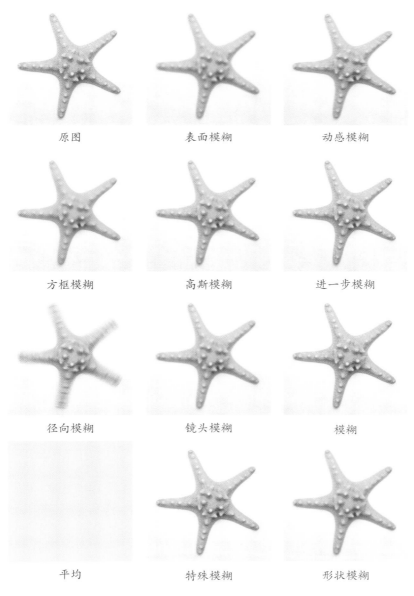

图 8-35　模糊滤镜效果对比图

8.4.4　扭曲滤镜组

扭曲滤镜组通过对图像应用扭曲变形实现各种效果，主要包括"波浪""波纹""玻璃"等 13 个滤镜，应用滤镜前后的图像部分效果对比如图 8–36 所示。

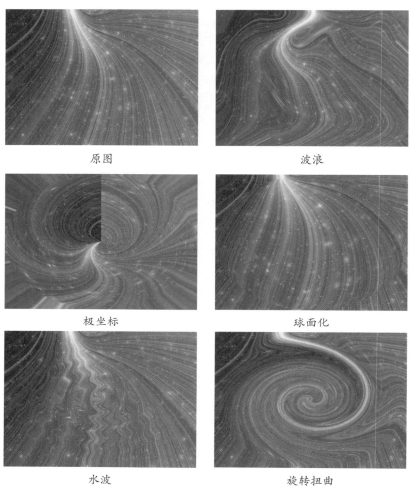

原图　　　　　　　　　　　　波浪

极坐标　　　　　　　　　　　球面化

水波　　　　　　　　　　　旋转扭曲

图 8–36　扭曲滤镜部分效果图对比图

8.4.5　锐化滤镜组

锐化滤镜组通过强化图像的边缘像素与相邻像素之间的对比度，来减弱或消除图像的模糊程度，使模糊图像变清晰，Photoshop CS5 中该滤镜组共 5 种滤镜。下面通过实例介绍一下智能锐化滤镜的操作方法。

◆ Step 01：打开素材文件"锐化 .jpg"，执行菜单栏中的"滤镜"→"锐化"→"智能锐化"命令，弹出"智能锐化"对话框，如图 8–37 所示。

◆ Step 02：在"智能锐化"对话框中设置数量为 100，半径为 0.5，单击"确定"按钮，最终图像如图 8–38 所示。

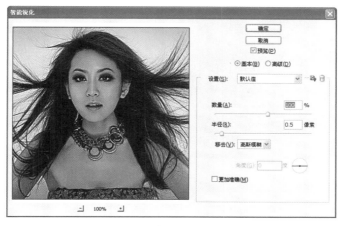

图 8-37　"智能锐化"对话框

原图

智能锐化后效果

图 8-38　智能锐化后图像前后对比

※ 提示 Tips

　　锐化处理对于图像来说其实是一种重大的破坏，虽然它会使得图像看起来更清晰，但实际上它已经改变了图像原本的内容。为了将破坏降到最低，尽可能让图像细节保存下来，一般都是选在其他修整，如调整尺寸、旋转、调整色阶、色彩都完成之后，准备输出或打印之前，才对图像做锐利化处理。

8.4.6　素描滤镜组

　　素描滤镜组用于创建手绘图像的效果，简化图像的色彩，该滤镜组包含 14 个滤镜，应用滤镜前后的图像部分效果对比如图 8-39 所示。

8.4.7　纹理滤镜组

　　纹理滤镜组主要是模拟具有深度或物质感的外观，包含 6 种滤镜，应用滤镜前后的图像部分效果对比如图 8-40 所示。

原图　　　　　　　　　　　　　　　半调图案

便条纸　　　　　　　　　　　　　　粉笔与炭笔

水彩画笔　　　　　　　　　　　　　炭笔

图章　　　　　　　　　　　　　　　影印

图 8-39　素描滤镜效果对比图

原图   龟裂缝

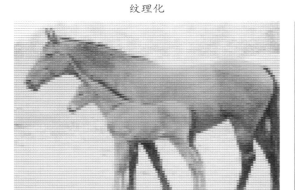

纹理化   马赛克

拼缀图   染色玻璃

图 8-40   纹理滤镜效果对比图

第1章
第2章
第3章
第4章
第5章
第6章
第7章
第8章
第9章

☀ **提示 Tips**

在纹理滤镜中，可在纹理列表选项中选择纹理，包括砖形、粗麻布、画布和砂岩。

8.4.8 像素化滤镜组

像素化滤镜组将图像分成一定的区域，将这些区域转变为相应的色块，再由色块构成图像，类似于色彩构成的效果，该滤镜组包含 7 种滤镜，这里介绍主要的 2 种。

1. 彩色半调

彩色半调滤镜可使图像变为网状效果，先将图像的每一个通道划分出矩形区域，再以和矩形区域亮度成比例的圆形替代这些矩形。具体操作如下：

打开素材文件"纹理和像素化.jpg"，执行"滤镜"→"像素化"→"彩色半调"命令，在弹出的"彩色半调"对话框中设置参数，如图 8-41 所示，单击"确定"按钮，图像应用滤镜前后效果对比如图 8-42 所示。

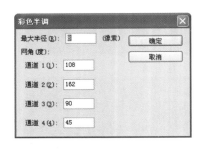

原图　　　　　　　　　　　彩色半调

图 8-41　"彩色半调"对话框　　　　　　图 8-42　彩色半调滤镜效果对比图

2. 点状化

点状化滤镜可将图像的颜色分解为随机分布的网点，并使用背景色填充网点间的间隙。设置背景色为 #31f903，执行"滤镜"→"像素化"→"点状化"命令，在弹出的"点状化"对话框中设置单元格大小为 28，单击"确定"按钮，最终效果如图 8-43 所示。

8.4.9　渲染滤镜组

渲染滤镜使图像产生三维映射云彩图像，折射图像和模拟光线反射，还可以用灰度文件创建纹理进行填充，共包含 5 种滤镜。

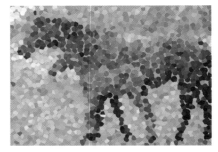

图 8-43　点状化滤镜效果图

1. 云彩、分层云彩和纤维

（1）云彩：使用介于前景色与背景色之间的随机值，生成柔和的云彩图案。要生成色彩较为分明的云彩图案，应按住【Alt】键，然后执行"滤镜"→"渲染"→"云彩"，当应用云彩滤镜时，现用图层上的图像数据会被替换。

（2）分层云彩：使用随机生成的介于前景色与背景色之间的值，生成云彩图案。该滤镜将云彩数据和现有的像素混合，其方式与差值模式混合颜色的方式相同。第一次选取时，图像的某些部分被反相为云彩图案，应用该滤镜几次之后，会创建出与大理石纹理相似的凸缘与叶脉图案。

（3）纤维：使用前景色和背景色创建编织纤维的外观。可以使用"差异"滑块来控制颜色的变化方式。"强度"滑块控制每根纤维的外观。低设置会产生松散的织物，而高设置会产生短的绳状纤维。单击"随机化"按钮可更改图案的外观；可多次单击该按钮，直到用户看到喜欢的图案。

具体操作方法：新建一个 800px×600px 的文件，填充黑色，然后应用相应滤镜，效果如图 8-44 所示。

2. 光照效果

通过改变 17 种光照样式、3 种光照类型和 4 套光照属性，在 RGB 图像上产生无数种光照效果。具体操作如下：

◆ Step 01：打开素材文件"光照和镜头光晕.jpg"，执行"滤镜"→"渲染"→"光照效果"命令，在弹出"光照效果"对话框，如图 8-45 所示。

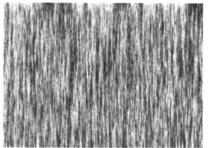

云彩、分层云彩 纤维

图 8-44 云彩、分层云彩和纤维滤镜效果图

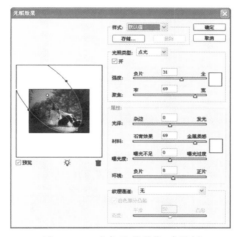

图 8-45 "光照效果"对话框

◆ Step 02：在"光照效果"对话框设置中光照类型为全光源，强调为 30，光泽为 6，在预览窗口中，拖曳"光源点" 至人身上，单击"确定"按钮，应用滤镜前后效果如图 8-46 所示。

原图 光照效果

图 8-46 光照滤镜效果对比图

3. 镜头光晕

模拟亮光照射到照相机镜头所产生的折射。通过单击图像缩览图的任一位置或拖动其十字线，指定光晕中

心的位置，效果如图 8-47 所示。

图 8-47　镜头光晕滤镜效果图

8.4.10　艺术效果滤镜组

艺术效果滤镜模拟天然或传统的艺术效果，使图像看起来更贴近人工创造的效果。该组滤镜共包含 15 种滤镜，部分滤镜使用后的效果如图 8-48 所示。

原图　　　　　　　　　　　　　　　　壁画

彩色铅笔　　　　　　　　　　　　　　调色刀

图 8-48　艺术效果滤镜效果对比图

海报边缘

海绵

水彩

塑料包装

图 8-48　艺术效果滤镜效果对比图（续）

8.4.11　杂色滤镜组

利用杂色滤镜组下的命令可以添加或移去图像中的杂色及带有所及分布色阶的像素，适用于去除图像中的杂点和划痕等操作。下面介绍一下添加杂色滤镜。

◆ Step 01：打开素材文件"杂色.jpg"，执行"滤镜"→"杂色"→"添加杂色"命令，弹出"添加杂色"对话框，如图 8-49 所示。

◆ Step 02：在"添加杂色"对话框中设置参数，然后单击"确定"按钮，效果如图 8-50 所示。

图 8-49　"添加杂色"
对话框

图 8-50　杂色滤镜效果图

第1章　第2章　第3章　第4章　第5章　第6章　第7章　第8章　第9章

8.4.12　其他滤镜组

其他滤镜组中的滤镜可以改变构成图像的像素排列，并允许用户创建自己的滤镜、使用滤镜修改蒙版、使图像中选区发生位移和快速调整颜色，该滤镜包含 5 种滤镜，下面介绍主要的两种滤镜。

（1）高反差保留：在有强烈颜色转变发生的地方，按指定的半径保留边缘细节，并且不显示图像的其余部分，效果如图 8–51 所示。

（2）自定：使用户可以设计自己的滤镜效果。使用自定滤镜，根据预定义的数学运算（称为"卷积"），可以更改图像中每个像素的亮度值。根据周围的像素值为每个像素重新指定一个值，此操作与通道的加、减计算类似。具体操作方法为：执行"滤镜"→"其他"→"自定"命令，弹出"自定"对话框，如图 8–52 所示，可在对话框中输入数值，设置图像效果。

原图

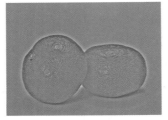

高反差保留

图 8–51　高反差保留滤镜效果

图 8–52　"自定"对话框

8.4.13　Digimarc 滤镜组

1. 嵌入水印

打开要嵌入水印的图像进行嵌入。每个图像只可嵌入一个数字水印，在以前已加过水印的图像上，"嵌入水印"滤镜不起作用。

如果要处理分层图像，应在向其嵌入水印之前拼合图像；否则，水印将只影响现用图层。

> ※ 提示 Tips
>
> 用户可以向索引颜色图像添加数字水印，方法是先将图像转换为 RGB 模式，嵌入水印，然后再将图像转换回索引颜色模式，但效果可能不一致。若要确定是否已嵌入水印，请运行"读取水印"滤镜。

2. 读取 Digimarc 水印

执行"滤镜"→"Digimarc"→"读取水印"命令。如果滤镜找到水印，则会弹出一个对话框显示创作者 ID、版权年份（如果存在）和图像属性，单击"确定"按钮。

或通过下列方法了解更多信息：如果安装了 Web 浏览器，请点按"Web 查找"以获得有关图像所有者的更多信息。此选项将启动浏览器，并显示 Digimarc Web 站点，该站点上显示了给定创作者 ID 的详细联系信息。拨打"水印信息"对话框中列出的电话号码，可得到以传真方式向用户发回的信息。

8.5　外挂滤镜的安装

Photoshop 滤镜插件也叫"外挂滤镜"，它是由第三方厂商为 Photoshop 所开发的滤镜，它不但数量庞大、种类繁多、功能齐全，而且版本和种类也在不断升级和更新。用户通过安装滤镜插件，能够使 Photohsop 获得更有针对性的功能，如 TopazClean(YUV) 滤镜是一个用于去除图像噪点的滤镜，它使用独特的算法能够有效地去除大面积、不同种类图片的噪点，保留图像细节和架构，通过它用户便可以更快更准确地处理图像噪点，可以说滤镜插件是 Photosop 强大的图像处理武器。

与 Photoshop 内部滤镜不同的是，外挂滤镜需要用户自己动手安装。外挂滤镜的安装方法分为两种：一种是进行了封装了的、可以通过安装程序安装的外挂滤镜；另外一种是直接放在目录下的滤镜文件。

安装被封装的滤镜十分简单，用户只需要在安装时选择 Photoshop\PlugIns 的滤镜目录即可，下次进入 Photoshop 后即可以使用。

而直接放在目录下的滤镜，直接将该滤镜文件及其附属的一些文件拷贝到 "\Adobe Photoshop CS5\ 增效工具 \ 滤镜" 下即可。需要注意的是，拷贝时要确认该滤镜有没有附属所动态链接库 dll 文件或 asf 文件，如果未将滤镜拷贝完整，该滤镜将不能正常使用；另外在拷贝单个滤镜文件之前，需先记下它的文件名，如果下次进入 Photoshop 后不能正常使用，就可以将其删除掉，以节省硬盘空间。

本章习题

一、选择题

1. 当用户要对文字图层执行滤镜效果时，首先应当（　　）。

A. 执行 "图层" → "栅格化" → "文字" 命令

B. 直接在滤镜菜单下选择一个滤镜命令

C. 确认文字图层和其他图层没有链接

D. 使得这些文字变成选择状态，然后在滤镜菜单下选择一个滤镜命令

2. 下列（　　）滤镜可以用来去掉扫描照片上的斑点，使图像更清晰。

A. 模糊—高斯模糊　　　　　　　　　B. 艺术效果—海绵

C. 杂色—去斑　　　　　　　　　　　D. 素描—水彩画笔

3. 下列对滤镜描述不正确的是（　　）。

A. Photoshop 可以对选区进行滤镜效果处理，如果没有定义选区，则默认为对整个图像进行操作

B. 在索引模式下不可以使用滤镜，有些滤镜不能使用 RGB 模式

C. 扭曲滤镜主要功能是让一幅图像产生扭曲效果

D. 3D 变换滤镜可以将平面图像转换成为有立体感的图像

4. 下列哪个滤镜可以减少渐变中的色带（　　）。

A. "滤镜" → "杂色"　　　　　　　　B. "滤镜" → "风格化" → "扩散"

C. "滤镜" → "扭曲" → "置换"　　　D. "滤镜" → "锐化" → "USM 锐化"

5. 当图像是（　　）模式时，所有的滤镜都不可以使用（假设图像是 8 位 / 通道）。

A. CMYK 模式　　　　　　　　　　　B. 灰度模式

C. 多通道模式　　　　　　　　　　　D. 索引颜色模式

6. 下列（　　）滤镜只对 RGB 滤镜起作用。

A. 马赛克　　　　　　　　　　　　　B. 光照效果

C. 波纹　　　　　　　　　　　　　　D. 浮雕效果

第 1 章
第 2 章
第 3 章
第 4 章
第 5 章
第 6 章
第 7 章
第 8 章
第 9 章

7. 在位图和（　　）模式下不能使用滤镜。不同的颜色模式，其使用的范围不同，在 CMYK 和 LAB 模式下，部分滤镜不可以使用。

A. 灰度
B. 索引颜色
C. 双色调
D. 多通道

8. 使用（　　）组合键可以快速执行上次执行的滤镜；如果按【Ctrl】+【Alt】+【F】组合键，则会重新打开上一次执行过的滤镜对话框，以便用户设置滤镜参数。

A. 【Alt】+【F】
B. 【Ctrl】+【D】
C. 【Alt】+【D】
D. 【Ctrl】+【F】

9. 以下选项中属于滤镜可制作效果的是（　　）。

A. 线形模糊
B. 方形模糊
C. 形状模糊
D. 圆形模糊

10. 关于多边形套索工具，正确的是（　　）。

A. 属于绘图工具
B. 可以形成直线型的多边形选择区域
C. 属于规则选框工具
D. 按住鼠标进行拖曳，可以形成选择区域

二、操作题

1. 打开素材"练习 1 素材 .jpg"，利用滤镜相关知识，实现如图 8-53 所示的光束效果。
2. 打开素材文件"练习 2. jpg"和"练习 2 素材 .jpg"，制作出如图 8-54 所示效果。
3. 使用滤镜制作冰晶字，效果如图 8-55 所示。

图 8-53　　　　　　　　　　图 8-54　　　　　　　　　　图 8-55

第 9 章
经典案例实战

本章主要讲解使用 Photoshop 制作网页效果图和海报，层层深入地讲解案例制作方法与设计思想，以详细的操作步骤解析实例的制作方法，使用户可以综合运用 Photoshop 的知识。

9.1 网页制作案例

网页是指通过浏览器能访问到的 Web 页面，是一种超文本文件，综合了图片、文字、多媒体等丰富的内容，具有可视性和交互性的特点。

网站是网页的集合，一个站点内的所有网页构成了一个网站，网页是网站的表现形式。

9.1.1 网页设计

网页设计是指网站整体页面的设计，包括页面的风格、配色、布局、内容等。网页设计包含的内容非常多，大体可分为以下两个方面。

一方面是纯网站本身的设计，如文字、排版、图片制作、平面设计、静态无声图文和动态有声影像等。

另一方面是网站的延伸设计，包括网站的主题定位、浏览群的定位、智能交互、制作策划、形象包装和宣传营销等。

目前网站的类型很多，例如企业网站、音乐网站、游戏动漫网站、电子商务网站、个人网站、活动页面等，该章节就以企业网站为例来讲解完整的网页制作过程。

9.1.2 企业网页制作

企业网站是企业在互联网上进行网络营销和形象宣传的平台，相当于企业的网络名片。许多公司都拥有自己的网站，他们利用网站来进行宣传、产品资讯发布、招聘等。作为企业对外宣传的平台与窗口，企业网站越来越受到重视，几乎所有的企业都需要有自己的企业网站。

1. 企业网站类型

（1）信息浏览型

这类企业网站，主要是以展示企业形象为主，现有企业网站大部分都可以归于这种类型。这类网站就像是企业的宣传手册，其目标主要包括：企业宣传，通常包括公司历史、发展历程、重要项目介绍、相关新闻等；企业产品与服务介绍，主要是介绍和宣传该企业提供的核心产品与服务；树立企业品牌，通过各种方法和手段，树立企业的品牌形象，提高企业的知名度等。这类网站主要是以信息提供为主，没有太多应用性的服务。

（2）企业门户型

这类企业网站，除了提供基本的企业信息外，还提供了很多资源和服务，例如电子邮件、企业论坛、网上招聘等。相对于信息浏览型，此类网站在网站所需的技术方面有更高的要求，包括电子邮件技术、论坛技术等。

（3）电子商务型

一些企业，除了希望在自己的企业网站上介绍企业自身的相关信息外，还希望能够直接通过网站进行在线的产品交易，这时就需要建设电子商务型的网站了，例如很多企业都有各自的网上商城等，就属于这类网站。这类网站，需要提供产品详细信息浏览、产品交易服务、在线支付服务等功能。

在实际应用中，很多网站往往不能简单地归为某一种类型，无论是建站目的还是表现形式都可能涵盖了两种或两种以上类型。对于这种企业网站，可以按上述类型的区别划分为不同的部分，每一个部分都基本上可以认为是一个较为完整的网站类型。

2. 网页制作前的准备工作

在开始设计网页之前，必须首先完成前期的准备工作，具体包括如下几项：

（1）网站主题：确定将要设计制作的网站主题，是个人主页、企业网站，还是其他类型的网站。

（2）网站风格：确定整个网站的主要风格，包括网站主色调、主要字体等。

（3）企业文化：企业网站的制作，还必须首先了解企业的个性文化，从而制作出符合企业特点的、个性鲜明的企业网站。

（4）收集材料：收集所有需要用到的网页制作素材，包括企业的 Logo、企业的宣传口号、各种相关图片等资源。

3. 网页布局

（1）布局方式

完成了前期的准备工作之后，就可以真正开始网页设计和制作的步骤了。首先要做的就是确定网页的整体布局，主要有以下几种常见形式：

① "国" 字形布局

也可以称为 "同" 字型，这种结构是网上最常见的一种结构类型，即最上面是网站的标题以及横幅广告条，下方就是网站的主要内容，左右分列两小条内容，中间是主要部分，与左右一起罗列到底，最下面是网站的一些基本信息、联系方式、版权声明等。

② "匡" 字形布局

这种结构与 "国" 字形布局其实只是形式上的区别，它去掉了 "国" 字形布局的最右边的部分，给主内容区释放了更多空间。这种布局上面是标题及广告横幅，接下来的左侧是一窄列链接等，右列是很宽的正文，下面也是一些网站的辅助信息。

③ "三" 字形布局

这是一种简洁明快的网页布局，在 "国" 字形布局外用得比较多，国内比较少见。这种布局的特点是由横向两条色块将网页整体分割为 3 部分，色块中大多放置广告条、更新和版权提示。

④ "川" 字形布局

整个页面在垂直方向分为三列，网站的内容按栏目分布在这三列中，最大限度地突出主页的索引功能。

⑤海报型布局

这种类型基本上是出现在一些网站的首页，大部分是一些精美的平面设计结合一些小的动画，放上几个简单的链接或者仅是一个 "进入" 的链接，甚至直接在首页的图片上做链接而没有任何提示。这种类型大部分出现在企业网站和个人主页，如果说处理得好，会给人带来赏心悦目的感觉。

（2）导航器

当浏览一个网站时，用户都希望能够很快地找到自己需要的信息，这就要求网站具有像目录和索引一样的功能，能够快速地定位各种信息，这种功能就需要通过导航器来完成。导航器根据网站中的具体模块和整体布局结构来进行设计，通过导航器中的菜单，快速地在大量网页中进行跳转。

导航器的设置，要遵循一定的规则，符合大众用户的使用习惯，具有一定的统一性；不按使用习惯设置的导航器，很容易引起用户的使用困惑，在众多的网页中迷失方向。

目前比较流行的导航器有如下两种类型：

① 顶部水平栏导航：这种导航是当前最流行的网站导航菜单设计模式之一，最常用于网站的主导航菜单，且最通常放在网站所有页面的直接上方或直接下方，如图 9-1 所示。

② 侧边栏导航：在这种方式下，导航项被排列在一个单列中，一项在一项的上面。它经常在左上角的列上，在主内容区之前。根据一份针对从左到右浏览习惯读者的导航模式可用研究，从表现形式上看，左边的竖直导航栏比右边的竖直导航更好。如图 9-2 所示。

图 9-1　顶部水平导航　　　　　　　　　　图 9-2　侧边栏导航

4. 企业网页设计实例

本节中，通过制作一个科技企业的网页实例，来展示网页制作中的具体步骤和方法。

◆ Step 01：在 Photoshop 中新建一个文件，执行菜单"文件"→"新建"命令，如图 9-3 所示，文件大小为 1000 像素 ×780 像素。

◆ Step 02：按照构想的网页布局，添加辅助线，划分网页规划布局，如图 9-4 所示。

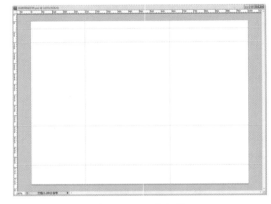

图 9-3　"新建"对话框　　　　　　　　　　图 9-4　网页布局

◆ Step 03：为网页添加整体的背景色，本例中采用渐变蓝色背景色调，如图 9-5 所示。

◆ Step 04：执行"文件"→"置入"命令，在左上角的位置，添加企业的 Logo 图片，如图 9-6 所示。

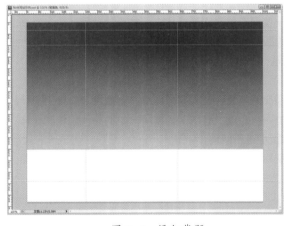
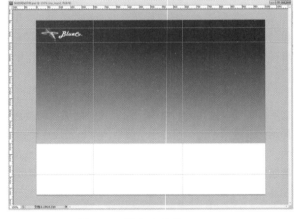

图 9-5　添加背题　　　　　　　　　　　　图 9-6　添加企业的 Logo

◆ Step 05：接下来，要制作网页非常重要的一个部分——导航部分。在本例所设计的网页中，包括首页、公司概况、新闻中心、产品中心和人才招聘五个大的模块，鼠标悬停在导航条上时，会显示二级子菜单，如图 9-7 所示。

◆ Step 06：完成前面的步骤，网页的头部已经基本完成。接下来需要制作网页中间的主要展示部分，执行"文件"→"置入"命令，可以将前面收集的、用于展示公司形象和产品等图片组合展示在此区域，本例中，作为科技企业，主要选取一些具有科技感的图片来展示企业的科技元素。

同时，为了更好地与网页的头部和底部进行衔接和过渡，需要增加一些闪光和渐变的效果，使网页整体更加和谐、美观，完成效果如图9-8所示。

这部分区域是本网页的关键区域，因此在制作网页时，需要进行精心的设计和打磨，以期达到最理想的效果：应在符合企业领域的前提下，保持鲜明的企业特征和个性；同时，还要保持整体网页风格的一致和优美。

◆ Step 07：网页的中下部，用来显示简要的相关信息，本示例中包括以下三部分：最新产品、新闻中心和联系我们，如图9-9所示。

本部分是当前网页的信息部分，用于展示本网页主要文字内容和各种链接的信息。由于本示例中，所制作的是一个网站首页面，应主要通过设计精美、突出主题的图片来吸引用户的注意，因此，文字信息部分只展示最为关键性，以及最近更新的一些消息，篇幅比例相对较小，对于制作其他的非首页面，则文字内容部分所占的比例一般会更多一些。

◆ Step 08：最后，需要制作网页的页脚部分。一般的页脚都会包含以下几个方面的信息：网站的版权信息、备案信息、Logo图片、友情链接、联系方式，以及其他内容的导航条，本示例中，添加了如图9-10所示的页脚。

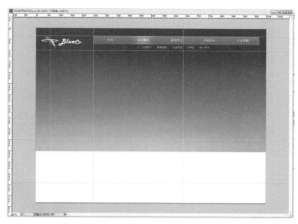

图9-7　添加导航部分

图9-8　网页的中部页面效果设置

图9-9　网页的中下部页面效果设置

图9-10　添加页脚

经过以上步骤，一个完整网页的设计制作就基本完成了，在此基础上再做一些后期的细节完善和处理，可以得到最终的设计图片。最终定稿后，再使用切片工具，就可以完成从设计图片到最终 html 网页的转换，以实现最后的网页制作工作。

◆ Step 09：根据之前添加的参考线做网页切片，执行"裁剪工具"→"切片工具"命令，如图 9-11 所示。

图 9-11　切片工具

◆ Step 10：选择工具选项栏中的"基于参考线的切片"，把图片切成多个区域块，如图 9-12 所示。

图 9-12　将图片切成多个区域块

◆ Step 11：执行"裁剪工具"→"切片选择工具"命令。按住【Shift】键将零散的切片选中并合并成为一个模块整体，如图 9-13 所示。

◆ Step 12：执行"文件"→"存储为 WEB 和设备所用格式"命令（这是一种专门为网页制作人设置的格

式）。保存为"JPEG"格式，选择"存储"，如图 9-14 所示。

图 9-13　将切片合并成模块

图 9-14　保存为"JPEG"格式

◆ Step 13：选择"HTML 和图像"格式，保存，如图 9-15 所示。导出后生成一个文件和一个文件夹，如图 9-16 所示。

◆ Step 14：打开网站制作软件 Dreamweaver CS5，并将"科技网站示例 .html"文件打开，将看到 Photoshop 设计的网页以表格形式装载着以上切片出来的模块图片，图 9-17 是以表格扩展模式视图展示的。

图 9-15　保存为"HTML 和图像"格式　图 9-16　导出 文件

对以上叙述进行总结，网页设计大致包括以下几个步骤：首先，按照设计大小新建文件，按照网站的设计结构，建立参考线；其次，制作网站的整体背景和色调；再次，制作 Logo 和导航条部分；然后，设计制作主体展示部分和主要内容部分；最后完成页脚部分，完成设计稿后，使用切片工具得到最终的 html 网页。

图 9-17　以表格扩展模式展示网页

9.2 海报制作案例

海报是在一定范围内，向公众报道或介绍有关戏剧、电影、比赛、报告会、展销等消息的一种招贴式应用文。

9.2.1 海报的种类

1. 商业海报

商业海报是指宣传商品或商业服务的商业广告性海报。商业海报的设计，要恰当地配合产品的格调和受众对象。

2. 文化海报

文化海报是指各种社会文娱活动及各类展览的宣传海报。展览的种类很多，不同的展览都有它各自的特点，设计师需要了解展览和活动的内容才能运用恰当的方法表现其内容和风格。

3. 电影海报

电影海报是海报的分支，主要起到吸引观众注意、刺激电影票房收入的作用，与戏剧海报、文化海报等有几分类似。

4. 公益海报

公益海报带有一定思想性。这类海报具有特定的、公众性教育意义，其海报主题包括各种社会公益、道德的宣传，或政治思想的宣传，以此弘扬爱心奉献、共同进步的精神等。

9.2.2 海报设计策略

1. 主题要鲜明

每张海报总是具有特定的内容与主题，因此图形语言也要结合这一主题，绝不能无的放矢地随意表达，而应该在理性分析的基础上选择恰当的切入点，以独特的视觉元素富有创意地将思想表现出来。

2. 视觉冲击力强

海报一般设置于户外，其广告效果的好坏与作品本身能否吸引观者的眼球密切相关，一幅视觉冲击力强的作品会使人们情不自禁地停住脚步，有耐心地去关注作品所表现的内容，从而留下深刻的印象，回味无穷。增强画面视觉冲击力的方法是多方面的，从内容上看，有美丽、欢乐、甜美、讽刺、幽默、悲伤、残缺甚至恐惧等；从形式上看，有矛盾空间、反转、错视、正负形、异形、同构图形、联想、影子等。

3. 让图形说话

海报中图形语言追求的，是以最简洁有效的元素来表现富有深刻内涵的主题，好的海报作品无需文字注解，只需在看过图形后便能使人们迅速理解作者的意图。

4. 富有文化内涵

一幅优秀的海报作品除了能成功地传达主题内容外，还要具备一定的文化内涵，只有这样，才能与观者之间产生情感与心灵上的交流，从而达到更高的境界。

5. 个性化

没有个性就没有艺术，海报设计的个性往往体现在设计的独特、图形的新颖到位以及版式构成形式是否引人注目等方面。

9.2.3　海报设计的基本方法

如何设计一张具有感染力的海报，才能使得观者能够直接接触最重要的信息呢？接下来将介绍一些最基本的海报设计方法。

1. 一致性原则

海报设计必须从一开始就要保持一致，包括大标题、资料的选用、相片及标志，如果没有统一，海报将会变得混乱不堪、难以卒读。因此所有的设计元素必须以适当的方式组合成一个有机的整体。

2. 关联性原则

要让作品具有一致性，第二个原则是采用关联性原则，也可以称作"分组"。如果在海报中各个物品都非常相似，将它们组合成一组的构图会令海报更能吸引人的注意，而此时其他的元素则会被观者视为次要的，如图9-18所示，所有圆环被作为一个整体，也是整张图的焦点。

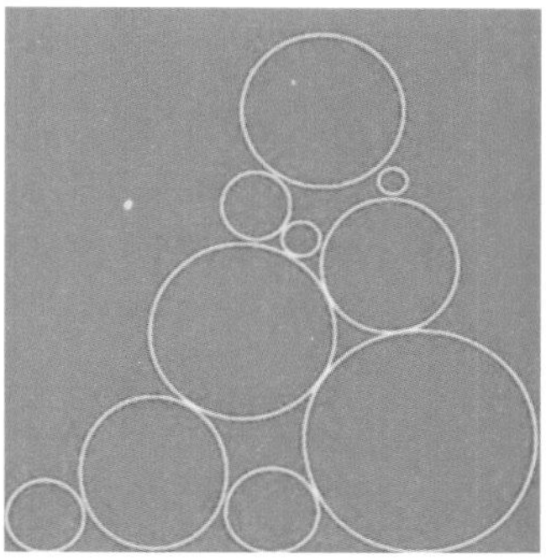

3. 重复性原则

另一个使作品具有一致性的方法就是对形状、颜色或某些数值进行重复，即重复性原则。如图9-19所示，一家美容院广告图中重复出现的毛虫图案引导观众的视线去到"INNU"这个标志上，经过这个标志后又是一些蝴蝶的重复图案，表达了去了这个美容院后前的区别，构思巧妙。

4. 添加背景颜色原则

如果你的作品里各个元素的形状、颜色或外观都没有共同点，那如何使作品具有统一性？一个简单的解决办法是将这些元素都放在一个实色背景的区域里，这就是添加背景颜色原则。

5. 协调性原则

无论是协调的构图或不协调的构图都能够使海报的版面具有强烈的视觉效果，因此在实行协调性原则方面有对称协调、不对称协调、颜色协调、形状及位置协调等方法。

设计具有感染力的海报，可应用的方法很多，而且也需根据不同主题的海报综合交错地使用各种方法。

9.2.4　商业海报的制作案例

使用Photoshop设计海报，是目前非常流行的方法，下面以一则咖啡广告海报为例，设计最终效果如图9-20所示。

具体操作步骤如下：

◆ Step 01：新建一个700px×1000px、100ppi的图像，背景色设置为黑色。

图9-18　所有圆形被作为一个整体

图9-19　美容院广告图

图 9-20 咖啡海报最终效果图

图 9-21 置入图像并栅格化

◆ Step 02：执行"文件"→"置入"→"人物 .jpg"，并按【Enter】键确定置入，如图 9-21 所示，在图层面板选中"人物"图层，从鼠标右键快捷菜单中选择"栅格化图层"。

◆ Step 03：新建一个"图层 1"，填充浅灰色，RGB 值为 R：209，G：211，B：212，如图 9-22 所示。

图 9-22 设置填充颜色

图 9-23 为图层 1 添加杂色

◆ Step 04：执行"滤镜"→"杂色"→"添加杂色"命令，在"图层 1"中添加杂色。在"添加杂色"对话框中，数量输入 7.5%，平均分布，勾选单色，如图 9-23 所示。

◆ Step 05：更改"图层 1"的图层混合模式为"颜色加深"，放大可见小颗粒，如图 9-24 所示。

◆ Step 06：复制"人物"图层为"人物副本"，并且进入"快速蒙版模式（Q）"。

◆ Step 07：交换前景色与背景色（前景色为白色，背景色为黑色），选择径向"渐变工具"

图 9-24 设置颜色混合模式

以人物脸部中心为原点,向外拉出渐变效果,如图9-25所示。

◆ Step 08:这时图像中出现一层红色透明的蒙版效果。进入"以蒙版模式编辑"的同时,通道面板中也自动出现了一个快速蒙版通道。

◆ Step 09:单击工具栏中"以标准模式编辑"按钮,系统会自动结束"快速蒙版模式",并生成一个径向渐变图像选区,在图中显示为圆形选区。

◆ Step 10:回到图层面板,选择"人物副本",保持选区不变的同时,按【Delete】键删除选区内的图像,隐藏其他图层,效果如图9-26所示。

◆ Step 11:显示所有图层,再更改"人物副本"的图层混合模式为"差值",使图像产生聚焦感,效果如图9-27所示。

◆ Step 12:执行"文件"菜单→"置入"命令,置入图像"咖啡背景.jpg",并在属性栏设置:W(水平缩放比例)70%,H(垂直缩放比例)70%,旋转90°,如图9-28所示,按【Enter】键确定置入,并栅格化图层。

◆ Step 13:进入"快速蒙版模式",对"咖啡背景"图层重复Step08 ~ Step11的步骤,使"咖啡背景"图层产生类似"人物副本"的效果,注意:咖啡背景的径向渐变范围应比人物图像范围大些,图像才显得自然。然后,更改"咖啡背景"的图层混合模式为"变亮",如图9-29所示。

◆ Step 14:新建一个"图层2",调整一种粉笔痕状的画笔效果,在画面中进行自由涂抹。即设置不同画笔直径大小,不同咖啡色

图9-25　快速蒙版中的径向渐变

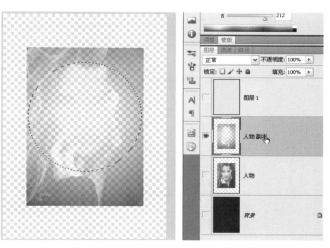

图9-26　人物副本图层的删除效果

图9-27　差值效果

第1章
第2章
第3章
第4章
第5章
第6章
第7章
第8章
第9章

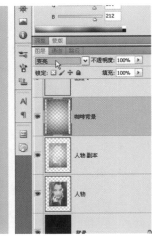

图 9-28　置入咖啡背景　　　　　　　　　　　图 9-29　咖啡背景图层样式设置

的线条效果，画笔设置可参考图 9-30，颜色可选择接近咖啡豆的暖色（如红色、橙色、黄色等），用笔涂抹时，画笔属性设置：不透明度 50%，流量 50%，可以根据画面效果调整透明度。

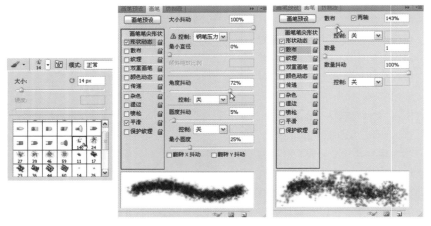

图 9-30　画笔设置

◆ Step 15：为画面增加磨砂效果，需用磨砂线条来实现，但徒手难以画出笔直的线条，这时，可以用鼠标在画布上画一点，再按住【Shift】键，在画面另一端单击一下，两点间就会出现一条直线。不断重复绘制，直到画面产生较好的磨砂效果（如果人物左边发梢边缘不够自然，也可以用磨砂线条掩饰），如图 9-31 所示。

图 9-31　绘制各色磨砂痕迹

◆ Step 16：设置前景色 RGB 值为：R：229，G：212，B：118。用文本工具输入文字"Traditional Coffee"，字体为 Gill Sans MT Ext Condensed Bold，字号 72px，置于图片左下角。

◆ Step 17：新建一个"图层 3"，按【Ctrl】键，并单击文字图层"Traditional Coffee"，载入文字图层的选区。执行"选择"→"修改"→"扩展"命令，扩展 10px；再执行"选择"→"修改"→"羽化"命令，羽化 10px。

图 9-32　添加文字效果

◆ Step 18：在"图层 3"的选区中填充浅棕色（R：170，G：94，B：28），完成填充后，设置"图层 3"的图层混合模式为"滤色"，效果如图 9-32 所示。

◆ Step 19：在图片右下角添加文字图层"High Quality"，字号 99px，字体 Palace Script MT，字体颜色为浅米色（R：234，G：229，B：219）。再打开"窗口"菜单→"字符"面板，设置字体加粗效果。

◆ Step 20：双击"High Quality"图层，打开图层样式对话框，为文字添加描边效果，描边颜色（R：77，G：98，B：24），设置大小为 5px，不透明度为 90%，设置方法如图 9-33 所示。最后，将"High Quality"图层下移两层，放到"Traditional Coffee"下方。

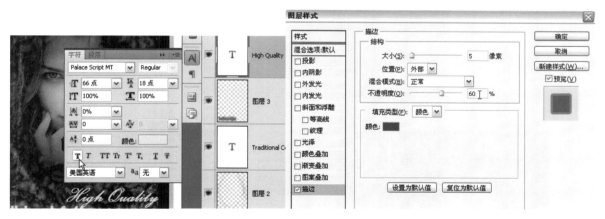

图 9-33　High Quality 图层设置

◆ Step 21：在图片左上角输入文本"100% Natural"，字体：Haettenschweiler，字号 39px，字体颜色（R：44，G：0，B：0）。打开字符面板，设置"字体间距" AV 为 25，与 Step20 相同，设置文字描边，大小为 5px，不透明度为 70%，描边颜色为白色（R：255，G：255，B：255），效果如图 9-34 所示。

◆ Step 22：在 Photoshop 打开"咖啡印章 .jpg"，执行"编辑"→"定义画笔预设"命令，把图片定义为特殊的画笔，即可在画笔选择区中选择该画笔，如图 9-35 所示。

◆ Step 23：在文字图层"Traditional Coffee"上方新建一个"图层 4"，调整画笔大小为 200px，前景色（R：255，G：34，B：21），设置画笔属性，不透明度 100%，流量 100%，在画面右下角单击一下鼠标，绘制出红色咖啡印章，效果如图 9–36 所示。

图 9–34　设置"100% Natural"文字效果

图 9–35　定义画笔

◆ Step 24：打开图片"咖啡标签 .jpg"，使用魔棒工具选中外围白色区域，执行"选择"菜单→"反向"命令，选中整个标签，拷贝到海报左上角，并仔细调整到合适的位置，最终完成海报，效果如图 9–37 所示。

图 9–36　添加红色咖啡印章

图 9–37　海报最终效果